FRIEDRICH FRUTSCHI

HOLZSCHNITZEN

UND HOLZBILDHAUEN

FRIEDRICH FRUTSCHI

Holzschnitzen und Holzbildhauen

Eine gründliche Einführung
in Technik und Material für Laien und Künstler
mit vielen praktischen Beispielen
und Anregungen

VERLAG PAUL HAUPT BERN

Die photographischen Aufnahmen stammen von H. Abegglen, Ringgenberg; A. Blatter, Ringgenberg; Diamant-Fotos, Zürich; H. Frutig, Bern; F. Frutschi, Ringgenberg; P. Flück, Brienz; W. Jeck, Basel; vom Historischen Museum, Bern; von der Kantonalen Schnitzlerschule, Brienz; von F. Kienholz, Brienz; W. Läubli, Zürich; H. C. Maeder, Brienz; A. Niggeler, Bern; O. Nikles, Interlaken; G. Stahel, Interlaken; W. Studer, Bern; E. Thomann, Brienz; L. Witzig, Winterthur. Weiteres photographisches Material verdanken wir dem Schweizer Heimatwerk, Zürich; A. Schild, Interlaken; der H. Huggler-Wyß AG und W. Stähli, beide in Brienz.

CIP-Kurztitelaufnahme der Deutschen Bibliothek

Frutschi, Friedrich:
Holzschnitzen und Holzbildhauen:
e. gründliche Einf. in Technik u. Material für Laien
u. Künstler mit vielen prakt. Beispielen u. Anregungen /
Friedrich Frutschi. – 5., unveränd. Aufl. – Bern: Haupt, 1985.
ISBN 3-258-02311-5

5., unveränderte Auflage 1985

Printed in Switzerland
Umschlaggestaltung: Bruno Scarton, Bern

Inhaltsverzeichnis

Vorwort

Das vorliegende Buch soll dem Schnitzler und Bildhauer einen Überblick geben über die verschiedenen Arbeitsmöglichkeiten in seinem Beruf, den Laien aber möchte es mit möglichst einfachen Anleitungen dazu führen, sich selber in Schnitzen, Modellieren und Formen zu versuchen. Text und Bilder sind aus Erfahrungen und Schaffen in der Berner Oberländer Holzschnitzerei zusammengetragen und gestaltet worden. Darüber hinaus vermitteln aber die vielen Abbildungen eine kurzgefaßte, allgemein gültige Grundlage der künstlerischen Holzbearbeitung. Beispiele alter und neuer Technik, überholter und geschmacklich einwandfreier Formen sollen den Leser anspornen, das Gute vom Schlechten selbst unterscheiden zu lernen.

Allen, die mir geholfen haben, das Material für dieses Buch zu sammeln, danke ich herzlich. Die neuzeitlichen Bildwerke stammen aus der Kantonalen Schnitzlerschule Brienz, und zwar von Vorsteher Albert Michel, den Fachlehrern Fritz Kienholz, Andreas Baumann und Peter Flück sowie von Schülern; von der Hans Huggler-Wyß AG, Brienz; Emil Thomann, Werkstätte für kirchliche Bildhauerei, Brienz; A. und V. Schneiter, Spielwaren und Holzschnitzerei, Brienz; Melchior Kehrli, Holzbildhauer, Schwanden bei Brienz; Max Huggler, Bildhauer, Brienz; Willi Buchli, Holzbildhauer, Brienz; Hans Abegglen, Bildhauerei, Ringgenberg; Albert Schild, Holzschnitzereien, Interlaken; vom Schweizer Heimatwerk, Zürich, und vom Verfasser.

Verdiente Förderer der Oberländer Holzschnitzerei sind: das Kantonale Amt für Gewerbeförderung in Bern, die Oberländische Volkswirtschaftskammer in Interlaken, das Schweizer Heimatwerk in Zürich und das Oberländer Heimatwerk mit seinen Organisationen.

Als Vertreter des Handels erwähne ich nur die drei Großfirmen: Eduard Jobin & Co., Brienz; Meho AG, Meiringen, und Duforêt-Schild, Meiringen.

Friedrich Frutschi

Zur Einführung

Den Auftrag, ein Lehrbuch über das Holzschnitzen zu schreiben, nahm ich anfänglich nicht mit großer Begeisterung entgegen. Erst als mir nach einiger Zeit klar wurde, daß ein Leitfaden gerade der Oberländer Holzschnitzerei von Nutzen sein könnte, entschloß ich mich zur Ausführung. Meine Bedenken gründeten sich auf die Erfahrung, daß man den Schnitzlerberuf nicht aus Büchern erlernen kann, sondern einen erfahrenen, vielseitig geschulten Meister als Lehrer dazu braucht. Auch fürchtete ich, daß ein Lehrbuch ungeschulten Leuten Vorschub leisten würde, die, obwohl nur in Kursen angelernt, sich gerne als fertige Schnitzler und Bildhauer fühlen und mit ihren mangelhaften, nur zu äußerst niedrigen Preisen abzusetzenden Produkten den gelernten Schnitzlern und dem ganzen Gewerbe sehr schaden.

Doch gewann schließlich die Überlegung die Oberhand, daß eine Veröffentlichung über die Holzschnitzerei wohl berechtigt sei, weil sie das Interesse für den Schnitzler- und Bildhauerberuf fördern, die Freude am Schnitzen im allgemeinen wecken, manchem Jüngling bei seiner Berufswahl behilflich und nicht zuletzt dem jungen, aus der Lehre getretenen Schnitzler und Bildhauer ein Wegweiser für seine weitere Berufstätigkeit sein könne.

Ich möchte gleich zum Beginn einige Unklarheiten erläutern, die in Kreisen der Holzschnitzerei herrschen und oft zu Meinungsverschiedenheiten führen. Es handelt sich um die vieldiskutierten Fragen: wer ist Schnitzler und wer ist Bildhauer, wer ist Heimarbeiter und wer ist Meister? Wenn man von einigen Details absieht, sind diese Fragen klar zu beantworten.

Schnitzler ist jener Berufsmann, der seine Produkte hauptsächlich mit dem Messer in der Hand, auf seinem Stuhl sitzend, schnitzt. Er stellt kleine Figuren, Spielwaren, Gravier- und Grundierarbeiten her. Seine Werkstücke sind in der Regel nach groben Umrißzeichnungen maschinell zum Schnitzen vorbereitet. Auch die Gravier- und Grundierarbeiten, die auf der Schnitzbank ausgeführt werden, gehören meines Erachtens in das Gebiet des Holzschnitzens.

Bildhauer ist der, welcher ein Stück Holz auf die Schnitzbank nimmt und aus ihm irgendeine Figur oder ein Ornament mit Schlegel und Meißel herausarbeitet. Er haut also buchstäblich ein Bild aus einem formlosen Block heraus. Er ist also ein Bildheraushauer oder, abgekürzt, ein Bildhauer. Ob das Material dann Stein oder Holz ist, bedeutet kein wesentlicher Unterschied. Bearbeitet er mehrheitlich Holz, ist er ein Holzbildhauer, wenn er hauptsächlich in Stein arbeitet, eben ein Steinbildhauer.

Es gibt viele schöpferisch arbeitende Künstler, sogar sehr bedeutende, welche nur in Ton und Wachs arbeiten, also modellieren. Ihre Produkte sind für Terrakotta, Bronze oder Kunststeinguß bestimmt. Sie sind meistens nicht in der Lage, in Holz und Stein zu arbeiten, weil ihnen das handwerklich-technische Können fehlt. Sie haben das Bildhauen nie gelernt und haben deshalb auch die dazu nötige Beziehung zum festen Ma-

terial nicht. Mit Ausnahmen nennen sie sich Bildhauer, aber sie sind *Modelleure*. Diese Unterscheidung will ja nicht eine Herabsetzung dem eigentlichen Bildhauer gegenüber bedeuten; denn der künstlerische Wert eines Bildwerkes liegt weder im Material, noch in der Art, wie es entstanden ist, sondern allein in der Form und im Ausdruck. Es gab früher eine sehr wertvolle Zeitschrift «Der Bildhauer und Modelleur», die schon mit ihrem Titel die beiden Arten Bildnerei deutlich zum Ausdruck brachte.
Und wer ist nun Heimarbeiter, wer Meister in der Holzschnitzerei?
In die Klasse des *Heimarbeiters* sind alle einzuordnen, welche die Modelle zum Schnitzen vorbereitet in ihre eigene Werkstatt bekommen und sie geschnitzt, meist in rohem, unbemaltem Zustand, wieder abliefern. Ihre Tätigkeit ist also auf das eigentliche Schnitzen beschränkt. Den Einkauf des Holzes und der andern Materialien besorgt der Auftraggeber. Der Heimarbeiter hat auch mit dem Fertigmachen und Verpacken, der Kundenwerbung und der Geschäftsführung nichts zu tun.
Meister sind alle Schnitzler und Bildhauer, die auf eigene Rechnung, nach eigenen Entwürfen und Modellen für eine selbsterworbene Kundschaft arbeiten. Sie besorgen den ganzen Geschäftsgang vom Holzeinkauf bis zur fertigen Ablieferung des Schnitzwerkes. Arbeitet einer allein in seiner Werkstatt ohne Hilfskräfte, so ist er als Kleinmeister anzusehen. Beschäftigt er mehrere oder viele Arbeiter, so ist er Meister und Fabrikant in einer Person.
In der vorliegenden Schrift wird von Schnitzler und Bildhauer immer wieder im gleichen Sinne geschrieben, weil es sich bei beiden um Berufsleute handelt, die sich nur in der Arbeitstechnik unterscheiden. Beide können Meister in ihrem Fach sein, sowohl handwerklich wie kaufmännisch. *Nun gibt es aber noch eine andere Art Meister, nämlich denjenigen in der Kunst.* Hier hat der Begriff «Meister» natürlich eine andere Bedeutung. In der Kunst ist nur der Meister, der wirklich Meisterhaftes im künstlerischen Sinne leistet. Es handelt sich hier um den Qualitätsbegriff in rein künstlerischer Hinsicht.

Der Heimarbeiter schnitzt die kleinen Souvenir-Artikel in der Hand. Sehr gut zeigt dieses Bild das Festhalten der Figur mit der linken und das Führen des Meißels mit der rechten Hand. Kleine Schnitzereien – Tier- und Menschenfiguren, kleine Dosen, Rähmchen, Kästchen – bearbeitet man besser in der Hand. Sind sie größer als 6–7 cm, befestigt man die Arbeit mit Vorteil auf der Schnitzbank und formt sie wenn nötig mit Schlegel und Meißel; das gilt vor allem für figürliche Darstellung.
Auf dem Tisch steht vorn das vom Meister zur Verfügung gestellte fertige Modell, nach dem der Heimarbeiter kopiert. Hinten warten einige den Umrissen nach ausgesägte Figuren auf die formende Bearbeitung. Dieser Heimarbeiter besorgt nur das Schnitzen, während ein anderer nachher die Figuren, wie wir sie links auf dem Tisch sehen, noch beizen oder bemalen wird. Im Hintergrund der Werkstatt steht der für jeden Schnitzler und Bildhauer unentbehrliche Schleifstein. Auf diesem schärft er seine Meißel, eine wichtige Voraussetzung für saubere Schnitte.

Der Altmeister in seiner typischen Schnitzlerboutique. Trotz seines hohen Alters schnitzt er täglich an seinen kleinen, nach Schnitzlerbegriffen modern geformten Figuren. Dieser junge Bär ist schon zu groß, um ihn in der Hand bearbeiten zu können. Deshalb klemmt man ihn am besten auf der Schnitzbank fest. Die unzähligen Meißel an der Wand, die laufende Korrespondenz dahinter gesteckt, alte Zeitschriften, Photos und allerlei Bildchen als Erinnerung an bewegende Erlebnisse sowie verschiedene an der Wand aufgehängte Modelle charakterisieren eine altvertraute Schnitzlerboutique.

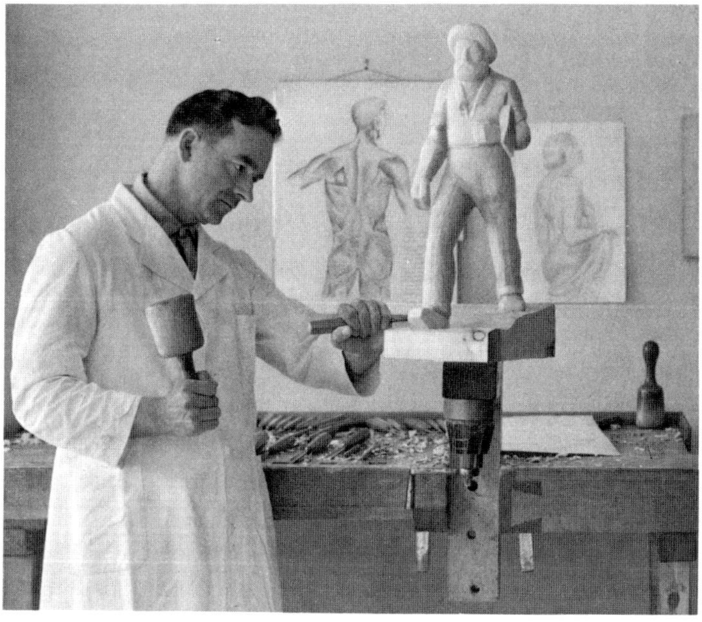

Der junge Bildhauermeister an der Arbeit. Er gestaltet mit Schlegel und Meißel eine Holzfigur. Die Handhabung der beiden Werkzeuge ist hier vorbildlich. Verschiedene Zeichnungen beleben die Rückwand des Ateliers.

Drei ausgesprochene Bildhauerarbeiten. Bei solchen Figuren müssen die Holzmassen mit Säge, breiten Meißeln und Schlegel weggeschafft werden. Ein Teil dieses Werdegangs zeigen uns die gut sichtbaren Schnitte beim Uhu; der sitzende Holzer wurde aus einem Stück Rundholz, der Reiter aus einem etwa 20 cm dicken Brett («Flecke»), beide – in ungleicher Schnittechnik – frei herausgearbeitet (Schülerarbeit).

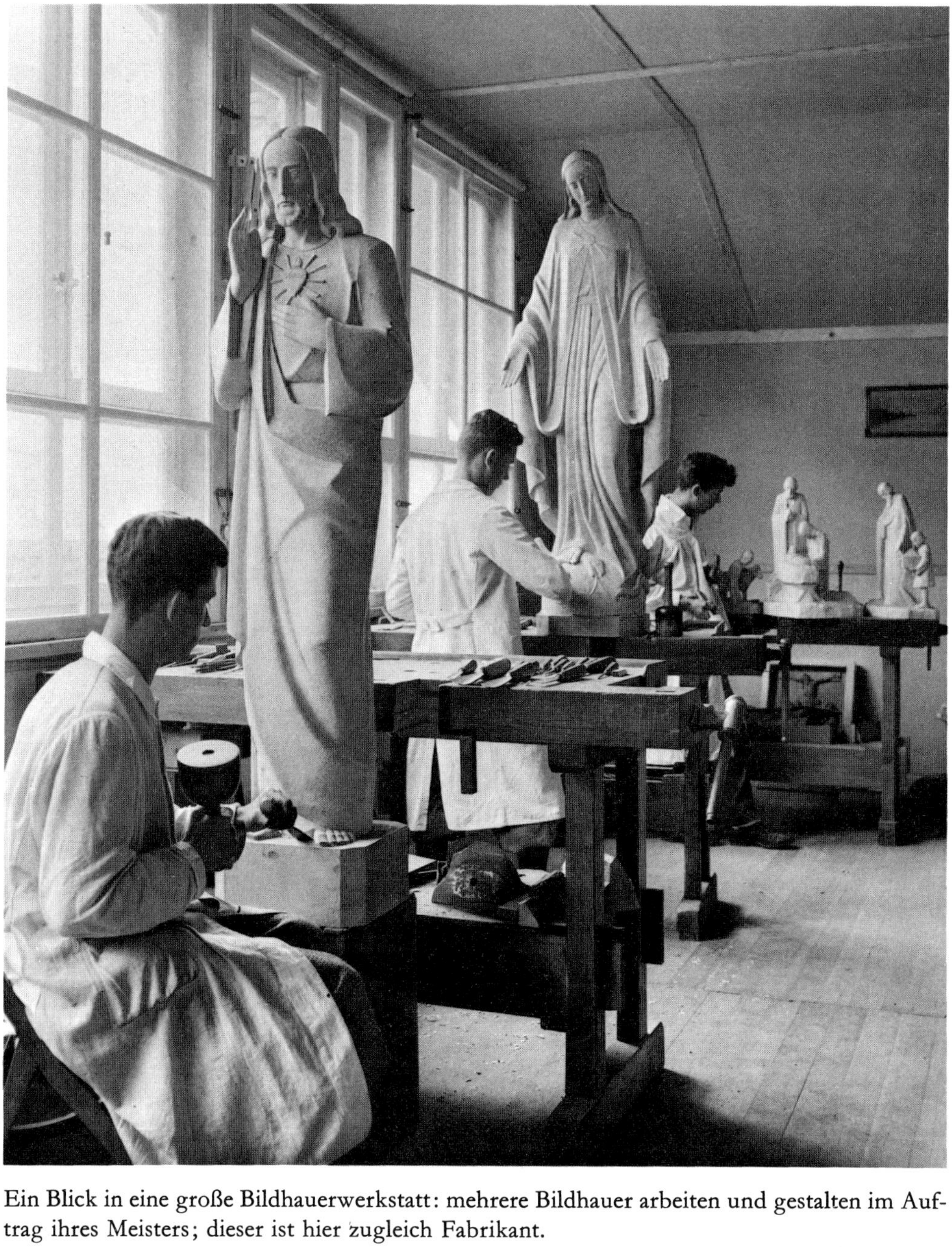

Ein Blick in eine große Bildhauerwerkstatt: mehrere Bildhauer arbeiten und gestalten im Auftrag ihres Meisters; dieser ist hier zugleich Fabrikant.

Madonna. Bei solchen Arbeiten tritt das technische Können in den Hintergrund. Der beseelte Ausdruck, wohlabgewogene Form und Proportion, klare Bewegung und sichere Linienführung bestimmen die Schönheit und Größe eines Kunstwerkes. ▸

Allgemeines über das Holzschnitzen

Das Zeichnen, Schnitzen und Formen ist vielen Menschen von Natur aus gegeben. Es liegt ihnen im Blut, ist Bedürfnis wie das tägliche Brot. Interessant ist die Feststellung, daß das Schnitzen und Formen in Holz als angenehme Nebenbeschäftigung immer mehr von der Bergbevölkerung geübt und gepflegt wurde als von den Bewohnern der Städte und Flachländer, wo diese Art Freizeitgestaltung viel weniger verbreitet, ja vielerorts überhaupt nicht bekannt ist. Sicher ist es nicht zufällig, daß das *Holzschnitzen in den Bergen daheim* ist; vielmehr kann man diese Erscheinung auf zwei Ursachen zurückführen: erstens haben die Bergbauern in den langen Wintermonaten viel freie Zeit zur Verfügung, in welcher sie Geräte herstellen und mit dem Schnitzmesser verzieren; zweitens ist das Leben in den Bergen, inmitten der kubischen Felsriesen, bestimmt nicht ohne Einfluß auf das Empfinden und das Auge des Berglers, so daß das körperhafte Sehen ihm von der Natur her vertraut ist. Deshalb kann man verstehen, daß sich das Holzschnitzen in verschiedenen Bergtälern, wie beispielsweise im Oberammergau und im Tirol zu einer volkswirtschaftlich wichtigen Industrie entwickeln konnte. Meine Beobachtungen an der Schnitzlerschule Brienz bestätigen diese Feststellungen in dem Sinne, daß die Mehrzahl aller Schüler aus Berggegenden stammt: aus dem Berner Oberland, den Kantonen Wallis, Unterwalden, Graubünden und Tessin.
Man kann die Holzschnitzerei in verschiedene Arten oder Gruppen gliedern. Da ist als erste, ursprünglichste jene Art *volkstümliche Kunst* zu nennen, die aus reiner Freude am Zieren und Schmücken von Gegenständen entstanden ist und noch immer gepflegt wird. Sie ist so alt wie die menschliche Kultur. Sie reicht zurück bis zu den Höhlenbewohnern. Die prachtvollen Wandgemälde und die Steinzeichnungen in den Felsenhöhlen von Nordspanien und Südfrankreich (Altsteinzeit) sowie die vielen Funde von Tongefäßen, Geräten und Tierfiguren aus früherer Zeit sind beredte Zeugen dafür. Auch die primitivsten Völker Afrikas und Australien, um nur diese zu nennen, schnitzten seit uralten Zeiten und auch heute noch allerlei Geräte, Gebrauchsgegenstände und vor allem sehr originelle Götzenfiguren aus Holz. Diese primitiven Werke sind vielfach in ihrer sehr interessanten Ursprünglichkeit in der Formgestaltung künstlerisch so wertvoll, daß sie sogar in der modernen Kunst als Vorbilder dienen und ihren zeitgemäßen Niederschlag finden. Diese Art Formen und Zeichnen entspricht in gewisser Hinsicht unserer heutigen Volkskunst, die aus Freude und innerem Bedürfnis und nicht in Absicht auf materiellen Gewinn gepflegt wird.
Die zweite Art Formen und Schnitzen wird in erster Linie aus *Erwerbsgründen*, also um des Verdienstes willen ausgeführt. Es handelt sich dabei um ein Gewerbe oder Kunstgewerbe. Die Berner Oberländer Holzschnitzerei ist so zu benennen. In die gleiche Kategorie sind die Holzschnitzereien im Tirol, Oberammergau und im Rhöngebirge einzuordnen.

Die dritte Art Holzschnitzerei ist die der *freien Gestaltung*. Hier handelt es sich um künstlerische Schöpfungen, die aus innerem Drang und um ihrer selbst willen entstehen, also nicht in erster Linie aus materiellen Gründen. Sie ist eine Gestaltungs- und Ausdruckskunst, wie Architektur und Malerei im allgemeinen und wird als ein Spezialgebiet der bildenden Künste angesehen.
Die Bezeichnung Holzschnitzer oder Holzbildhauer ist allein durch die Wahl des Materials bestimmt. Die Holzbildhauerkunst ist nicht ortgebunden wie die eben erwähnten Holzschnitzereien im Berner Oberland und anderswo, sondern auf der ganzen Erde verbreitet. Holz wird nicht nur heute von den größten Bildhauern gerne verwendet, es war zu allen Zeiten ein beliebtes Material für bildliche Darstellungen. Schon die alten Ägypter griffen neben dem harten Granit und Basalt zum Holz. Hervorragende Kunstwerke in Holz sind namentlich aus der Romanik, der Gotik und der Renaissance, aber auch aus verschiedenen andern Kunstepochen erhalten. Von den modernen Künstlern, die ihre Bildwerke vornehmlich in Holz gestalten, will ich hier nur einige nennen, die mit ihrem Schaffen Weltruhm erlangt haben: in Deutschland Ernst Barlach, Christian Voll und Ewald Mataré, in Frankreich Raymond Bigot und in England Henry Moore. Zahlreiche Künstler bezeugen eine Vorliebe zum Holz als Material, und es ist auch sehr interessant festzustellen, daß gerade die modernsten, die abstraktesten Bildhauer es oft für ihre Arbeiten gebrauchen.

Mit Kerbschnitzerei reich verzierte Milchmelchtern aus den Jahren 1740 und 1782.

Schnitzereien aus dem Tirol. Sie sind, verglichen mit Arbeiten schweizerischer Herkunft, sehr unterschiedlich in Auffassung und Art. ▸

Gebrauchsgegenstände volkskünstlerischer Art, wie sie heute für den Handel, aber auch in Schnitzkursen der Freizeitwerkstätten und Schulen angefertigt werden.

Charakteristische, bemalte Bauernfiguren, wie sie bei uns in Massen durch die Heimarbeit hergestellt werden.

Schnuppernder Fuchs

Der Maschinenarbeiter (Schülerarbeit) ▸

Diese beiden Abbildungen zeigen schöne Beispiele der Holzbildhauerei

A.B.

Verschiedene Arten Holzschnitzerei

In der Holzschnitzerei gibt es, wie überhaupt in der gesamten Bildhauerei, verschiedene Ausführungsmöglichkeiten. Welche Art der Bildhauer oder Schnitzler für sein Werk wählt, wird vom Sinn und Zweck des Bildwerkes bestimmt. Für angewandte Schnitzerei wie Dekorationen an Tellern, Schalen, Kästchen, auch an Möbeln werden vielfach die *Gravier- und Grundier- sowie die Kerbschnittechnik* gewählt. Sowohl bei der Möbelschnitzerei als auch bei der Architekturbildhauerei herrschen das *Flach- und Hochrelief* vor. Neben den eben erwähnten angewandten Schnitzereien gibt es noch die sogenannte *Rundplastik*. Während die Gravier- und Grundier- sowie die Reliefschnitzerei immer an eine Grundfläche gebunden sind, ist die Rundplastik dreidimensional, das heißt rundum körperhaft gestaltet und von allen Seiten körperhaft wirkend. Die Flachschnitzerei muß nur nach einer Seite wirken; die Rundplastik ist demzufolge viel komplizierter und anspruchsvoller. Sie muß en face und im Profil, also in beiden Seitenansichten und auf der Rückseite mit der gleichen Sorgfalt bearbeitet werden. Sie soll ringsum interessant und wirkungsvoll sein.

Gebrauchsgegenstände: Gravierarbeiten volkskünstlerischer Art. Nach Aufzeichnung auf das Gerät werden diese Arbeiten mit einem schmalen Hohlmeißel (Bockfuß) eingraviert und die Kanten mit einem kleinen Flachmeißel abgerundet (siehe mittleres Stück). ▸

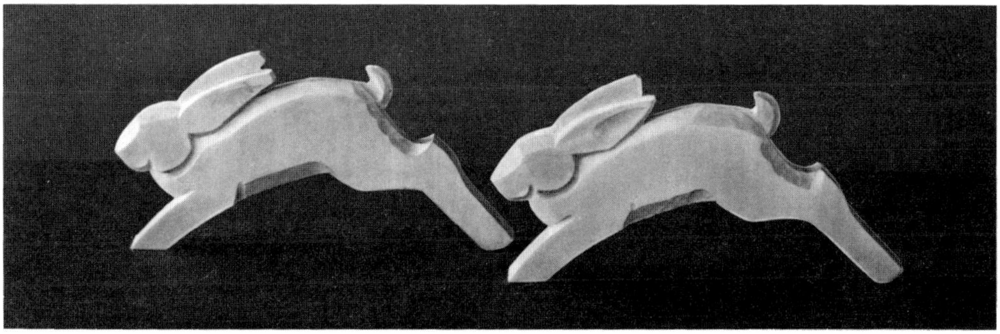

Hasen: Spielzeug. Die Tiere wirken nur durch die Silhouette. Mit den leicht angeschnittenen Kanten erzielt man eine gewisse Formbereicherung und Tiefenwirkung. Kleine Figuren dieser Art werden in der Hand geschnitzt und sind dem Anfänger besonders zu empfehlen. Gutes Gelingen setzt eine einwandfreie Umrißzeichnung voraus.

Wenn ein Tier oder irgend ein einfaches Ornament genau auf das Holzbrett aufgezeichnet ist, wird es mit einer kleinen Hand- oder Découpiersäge genau der Umrißlinie nach ausgesägt, so daß das kleine Bildwerk schon in einfacher Form vorhanden ist. Für diese Art Schnitzerei dürfen nur dünne Brettchen (höchstens 2–3 cm dick) verwendet werden, sonst wirkt die Schnitzerei plump und unschön. Wie diese Hasen zeigen, erreicht man mit wenig Schnitten eine recht ansprechende Wirkung. Mit dem Schnitzmesser die Kanten sauber wegschneiden und einem Hohlmeißel einige organisch wirkende Schnitte ausführen, und schon ist ein kleines ansprechendes Bildwerk entstanden!

Links: Erhöhte Schrift. Der Grund wurde zugunsten der Buchstaben zurückgesetzt und mit einem kleinen Flacheisen die Seitenflächen derselben angeschnitten, so daß eine kleine Mittelkante entsteht. Eine sehr exakte Arbeit!
Rechts: Schrift in Kerbschnitten. Sie wurde mit Geißfuß und Flacheisen ausgeführt (Schülerarbeiten).

Sportpreis: Vertiefte Reliefarbeit. Hier ist die harmonische Verteilung der Grundfläche zu den Figuren von größter Bedeutung. Einseitige, zu große Leerflächen müssen vermieden werden, da sie die Einheit der Formwirkung ungünstig beeinflussen.

Durchbrochenes Ornament: Aussägearbeit. Sie wirkt durch klare Linienführung und zarte Dekorationsgestaltung. Wenn die Detailformen gut im Raume angeordnet sind und die Linien des Ornamentes sauber und rein zur Geltung kommen, erzielt man mit verhältnismäßig wenig Dekorationsschnitten ein schönes Ergebnis (Schülerarbeit).

Gemse, Wegweiser: Reliefartige Behandlung der Form. Die Dicke des Holzes betrug nur 8 cm. Flachform, im Gegensatz zu der normalen Rundform. Schrift und Dekoration (Haare) sind mit einem Hohlmeißel herausgeschnitten (Schülerarbeit).

Halbfigur: Frei aus dem Block herausgearbeitete, unvollendete Halbrundplastik. Dieses Bild zeigt, wie man eine Figur aus einem festen Block, sei es Stein oder Holz, herausschneiden kann. Alles überflüssige Material muß mit Schlegel und Meißel weggehauen werden, um die Figur weiter gestalten zu können. Diese Mädchenfigur bleibt allerdings mit den Beinen und dem Rücken an den Holzblock gebunden. Solch freies Aushauen aus dem Block ist sehr zu empfehlen, es weckt das Gefühl für Material und Form.

◂ Evangelisten, Kanzeldekorationen: Hochrelief. Bei solchen Arbeiten ist es wichtig, daß die Größe der Figur den Raumverhältnissen gut angepaßt ist. Zu kleinformatige Figuren wirken immer schöner als zu große, überdimensionale.

Säugende Ziege: Diese Gruppe wurde ebenfalls frei (ohne Modell) direkt in Holz ausgeführt. Voraussetzungen dazu sind allerdings ausführliche zeichnerische Detail- und Vorstudien, geschultes Auge, gutes Formgefühl und natürlich ein sicheres, gekonntes Bearbeiten der Holzmasse. Der Lernende schult Auge und Formgefühl, indem er unermüdlich nach Modellen und nach der Natur zeichnet, Ideen sucht und neue Arbeiten entwirft.

Werkstatt und Werkzeuge

Für die Bildhauer ist es unvergleichlich leichter, eine selbständige Werkstatt zu eröffnen, als für irgendeinen andern Handwerker, sei er Schreiner, Schlosser oder Mechaniker, der an teure maschinelle Einrichtungen gebunden ist. Der Holzschnitzler oder -bildhauer kann sich mit verhältnismäßig billigen Anlagen behelfen. Selbstverständlich mag er sich im Laufe der Jahre je nach Vermögen immer weiter und fortschrittlicher mit Schleif- und Bohrmaschinen einrichten; aber er kommt auch ohne diese mechanischen Erleichterungen zurecht.

Gute Beleuchtung im Arbeitsraum ist eine absolute Voraussetzung. Die unentbehrlichsten *Werkzeuge* sind eine geeignete, solide Schnitzbank, ein Winkel zum Befestigen des Holzblockes und eine geschickt zusammengestellte Auswahl von Schnitzeisen. Für den Figuristen genügen normalerweise 50 bis 60 Stück. Der Ornamenter benötigt wesentlich mehr, da seine Arbeiten in vielen Fällen technisch komplizierter sind als die des Figuristen. Zu den Meißeln braucht er zwei bis drei Schlegel in verschiedener Größe. Ein Schleifstein und genügend abgestufte Wetzsteine sind unerläßlich, um die Werkzeuge instandzustellen. Er braucht Axt, Säge, Hebeisen (Zapin) und Hobel, um das Holz zuzubereiten und ferner Schraubzwingen, verschiedene Bohrer, Winkel und Zirkel. Für das Fertigschaffen eines Bildwerkes sind Feilen, Glaspapiere und verschiedene Chemikalien wie Beizen, Öle, Lacke und Wachs notwendig. Für die zeichnerischen Vorarbeiten benötigt er Reißbrett, Reißzeug, Tusche, Farben, Bleistifte, Papier. Zur Anfertigung von Modellen sind der Modellierbock, Modellierhölzer, Wachs (Plastilin) und Ton notwendig. Zum Gießen in Gips braucht man verschiedene Schüsseln, Spachteln, feines Blech zum Abstecken und verschiedene Retouchier-Eisen. Im großen und ganzen also keine überaus teure Einrichtung.

Viel umfangreicher und teurer sind die Einrichtungen von großen Bildhauer-Werkstätten, die auf rationelle, industriemäßige Produktion eingestellt sind. In einem solchen Betrieb kommen Aussägemaschinen, sehr kostspielige Bohrmaschinen (Vervielfältigungsmaschinen), Spritzapparate und eine Spritzkabine dazu. Diese Anschaffungen sind nur in solchen Unternehmen nötig, die einen ganzen Stab von Arbeitern beschäftigen.

Eine helle, gut beleuchtete Werkstatt ist Voraussetzung für ein ersprießliches Schaffen. Hier ist der Bildhauer im Begriff, auf dem Wetzstein (Arkansas-Stein) seinen Meißel zu schärfen. Der Stein wird mit Petroleum getränkt; setzt man dann zum Schleifen an, muß gut darauf geachtet werden, daß die Schneidefläche des Meißels flach aufliegt. Nun wird so lange geschliffen, bis der Meißel wie ein Rasiermesser schneidet; denn nur mit genau und scharf geschliffenem Werkzeug kann gut und sauber gearbeitet werden. Der Fachmann erkennt es sogleich am Schnitt, wie es um den Meißel stand. Im Hintergrund sehen wir an der Wand Blätter anatomischer Studien aufgehängt.

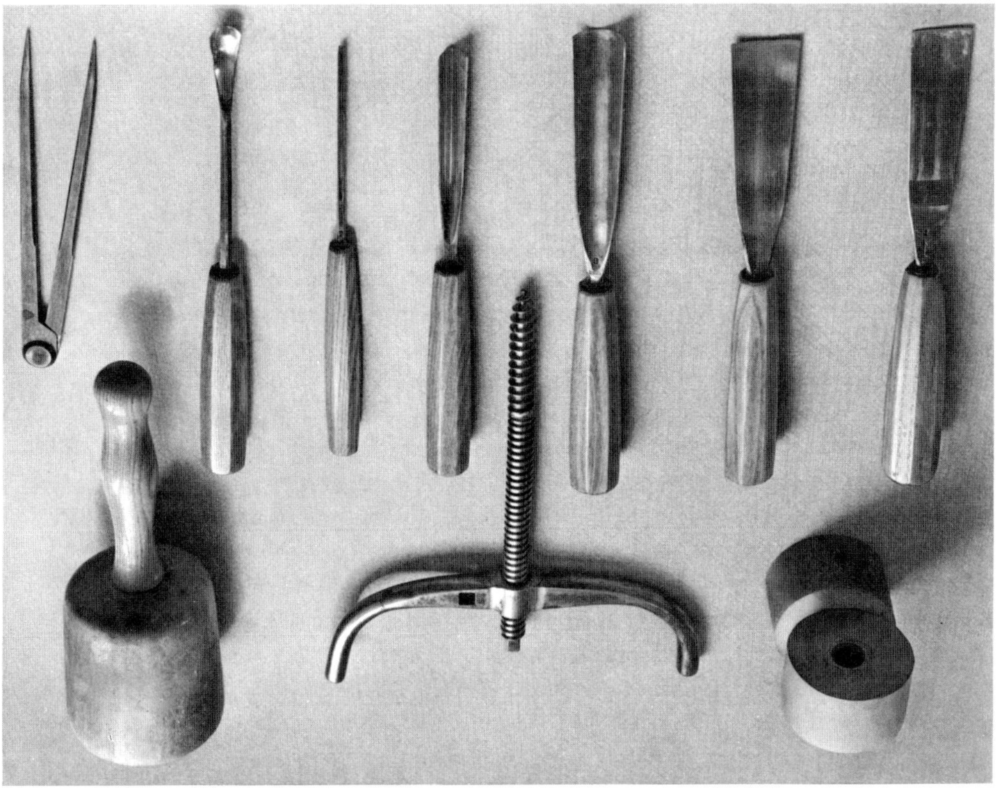

Einige wichtige Werkzeuge. Unten von links nach rechts: Ein Schlegel aus Hartholz, eine Schraube zum Befestigen des Bildwerks und die sogenannte Nuß als Zwischenlage von Windel (Handgriff) und Holzwinkel. Diese Zwischenlage dient dazu, den Windel frei bedienen zu können. Das spitz verlaufende Ende der Schraube wird in den Holzblock eingeschraubt.
Oben von links nach rechts: Zirkel zum Bestimmen der Proportionen. Er wird in verschiedenen Größen aus Eisen oder Holz hergestellt. Gekröpfter Meißel (kleine Schale), kleiner Bockfuß, Geißfuß, Halbrundmeißel (mittelgroße Schale), Flachschale und Flacheisen.
Alle diese Werkzeuge müssen in verschiedenen Größen und Variationen vorhanden sein. Die gekröpften oder abgestellten Meißel werden überall dort verwendet, wo wir mit geraden Meißeln nicht hinkommen: zum Beispiel beim Grundieren, wo das tiefliegende Holz aus der Grundfläche herausgeschnitten werden muß.

Eine Schülerin der Schnitzlerschule Brienz arbeitet an einem Reliefkopf, der mit der Figurenschraube auf dem Holzwinkel befestigt ist. Mit diesem Holzwinkel, der mit der Bankzange festgehalten wird, kann das Bildwerk in jede beliebige Stellung gebracht werden, damit der Bildhauer seine Arbeit nach allen Seiten hin gut bearbeiten kann.

Für Beschaffen und Zurüsten des Holzes sind folgende Werkzeuge notwendig. Von links nach rechts: ein Scheideeisen oder Holzbissen zum Spalten der großen Holzblöcke, ein Eisenhaken, auch Zapin genannt, Sägen in verschiedenen Größen und Arten, ein Seil sowie ein Beil.

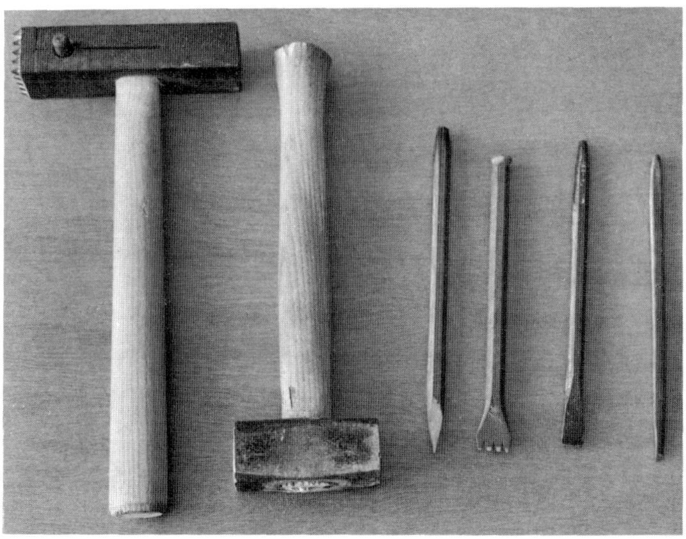

Ohne sich groß umzustellen, kann der Holzbildhauer auch den Stein bearbeiten. Hier einige wichtige Werkzeuge. Von links nach rechts: Stockhammer, Eisenschlegel zum Steinhauen, Spitzeisen, Zahneisen, Flacheisen und ein Nuteisen für Schriften usw. Der Steinbildhauer braucht wesentlich weniger Werkzeuge als der Holzbildhauer.

Holz als Material

Nicht alle Holzarten eignen sich für bildhauerische Arbeiten. Es gibt solche, die entweder zu hart (zäh wie Eisen, bildhauerisch gesprochen) oder dann zu grobmaserig und demzufolge zu rauh sind. Wenn sie schön ist, kann die Maserung bei gewissen kunstgewerblichen Arbeiten, wie Tellern, Schalen, Kästchen, auch bei Möbeln, ein zusätzlicher Schmuck werden. Wird sie aber nicht sorgfältig und fachkundig gewählt, wirkt ihr Bild oft sehr störend, ja sogar formschädigend. Dies trifft vor allem bei freiplastischen Darstellungen zu. Es ist darum außerordentlich wichtig, daß der Bildhauer der Wahl des Holzes für sein Werk größte Aufmerksamkeit schenkt.

Gut brauchbare Holzarten sind: Lindenholz, Nußbaum, Ahorn, Kirschbaum, Birnbaum, Apfelbaum, Eiche und Lärchenholz. Die beiden zuletzt genannten Arten eignen sich hauptsächlich für Arbeiten, die im Freien aufgestellt werden und dadurch der Witterung stark ausgesetzt sind, wie etwa Holzgrabmale, Wegweiser, Reklametafeln und Fassadendekorationen.

Lindenholz ist ein helles, sehr weiches Material und läßt sich sehr gut zu Lehrgangstücken für Anfänger verwenden, da es leicht zu schnitzen ist. Holz von jungen Linden ist weiß, während dasjenige alter Bäume dunkler, ja bisweilen rotbräunlich ist. Wird frisch gefällte Linde mit Buchenholz zusammen gedämpft, bekommt das Lindenholz eine sehr schöne rötliche Farbe, so daß jedes spätere Beizen oder Bemalen überflüssig wird.

Birnbaumholz ist ein hellbräunliches Holz und gut zu verarbeiten, weil es mäßig hart ist. Die Maserung (Jahrringe) tritt wenig hervor, weshalb es als trocken und ausdruckslos erscheint. Eine Ausnahme macht einzig das Kannenbirnbaumholz, das im geschliffenen Zustand eine milde, wunderschöne Maserung zeigt.

Nußbaumholz, das edelste von allen, eignet sich sehr gut zum Schneiden, ist jedoch etwas härter als Lindenholz. Seine Farbe: hellbräunlich bis ganz dunkelbraun, vornehmlich bei alten Bäumen. Wegen seiner starken Maserung wird es in der Möbelschreinerei oft als Furnier für Füllungen verwendet.

Eichenholz, bedeutend härter als die vorgenannten Holzarten, ist im allgemeinen schwer zu bearbeiten, ganz besonders die einheimische Eiche. Die slowenische ist milder und angenehmer zu schneiden; auch ihre gelbrötliche Farbe wirkt viel ansprechender.

Kirschbaumholz, etwas härter als Nußbaum, hellgelb bis braun, weist eine sehr starke Maserung auf. Es ist ein schwer zu bearbeitendes Holz und für Anfänger nicht zu empfehlen.

Lärchenholz ist ebenfalls sehr schwer zu bearbeiten, aber sehr schön in der Struktur. Seine Farbe: hellrötlich. Beide Holzarten, Kirschbaum wie Lärche, wirken im *geschliffenen* Zustand am schönsten.

Buchsbaumholz ist sehr hart und eignet sich hauptsächlich für Arbeiten im Kleinformat. Seine Farbe: hellgelb, der Härte und gleichmäßigen Struktur wegen kommt auch nur die Schleiftechnik in Frage. Mit einem feinen Wachsüberzug erreicht man eine sehr schöne und weiche Tonwirkung.

Apfelbaumholz ist wesentlich härter als Birnbaum- oder Nußbaumholz. Dank seiner starken Maserung eignet es sich hauptsächlich für Teller, Schalen, überhaupt für gedrechselte Arbeiten. Seine Farbe: gräulich bis rötlich. Mit Apfelbaumholz kann man sehr gediegene Geräte (Gebrauchsgegenstände) herstellen. Eine volle Wirkung der Maserung erreicht man aber nur mit Schleifen. Die Schnittechnik kommt hier weniger in Frage.

Ahornholz ist mäßig hart, weißlich in der Farbe und verhältnismäßig leicht zu schnitzen. Es eignet sich wie Linde und Nußbaum sehr gut zur Ausführung von großen Figuren.

Arvenholz ist ein sehr weiches, aber astreiches Holz. Da die Äste sehr dekorativ wirken, wird es für die Fabrikation von Bauernmöbel, oder als Täfer für Innenräume viel verwendet. Für den Schnitzler ist nur das astfreie Holz verwendbar. Es ist ein ausgesprochenes weiches und leicht zu verarbeitendes Holz.

Mahagoni wird nach vorhandenem Text ebenfalls noch berücksichtigt.

Selbstverständlich gibt es noch andere, hier nicht erwähnte Holzarten, die sich zum Schnitzen eignen, die genannten sind jedoch die weitaus gebräuchlichsten und dankbarsten.

Kälbchen (Linde). Lindenholz ist sehr weich zum Schnitzen, das geeignete Material für Anfänger.

Nürnberger Madonna (Birnbaum roh). Birnbaumholz ist ein kurzfaseriges Hartholz. Nur der tüchtige und feinfühlige Bildhauer kann ihm lebendige Formen abringen. Die Struktur des Holzes träte hier besser hervor, wenn die Figur mit Öl behandelt würde (Schülerarbeit, Kopierübung).

Wappen (Nußbaum roh). Nußbaumholz darf als das edelste und angenehmste Material für das Schnitzler- und Bildhauergewerbe angesehen werden. Durch seine diskrete Maserung und seine lebendige gelbe bis rotbräunliche Farbe kommen alle Formen voll zur Geltung. Es ist sehr angenehm zu bearbeiten.

▲ Liegender Hase (Eiche roh). Eichenholz ist ein Hartholz, das unterschiedlich schwierig zu verarbeiten ist: es kann hart, ja zäh wie Eisen, aber auch außerordentlich angenehm zu schneiden sein. Alle auf magerem Boden wachsenden Holzarten sind zäh und hart. Dies trifft ganz besonders für das Eichenholz zu.

Hirsch (Eiche geölt; Schülerarbeit)

Sich aufbäumendes Pferd (Kirschbaum geschliffen; Schülerarbeit).

Sich aufbäumendes Pferd (Kirschbaum geölt). Durch Ölen tritt die Maserung intensiv hervor. Zu starkes Ölen kann die gute Wirkung jedoch sehr beeinträchtigen. ▸

Plastische Darstellung einer Blume (Lärche). Lärchenholz mit engliegenden Jahrringen ist ein weiches, in der Verarbeitung sehr angenehmes Material. Weist es dagegen breite flache Jahrringe (breite Spiegel) auf, ist es schwierig zu schneiden und eignet sich wenig für Bildhauerarbeiten. – Neben guter Verteilung der ruhigen, einfachen Formen und den lebendigen Umrandungen der Blätter und Blüten kommt hier auch die schöne, ebenfalls lebendige Maserung des Holzes vorteilhaft zur Geltung.

Sitzender junger Fuchs (Lärche). Diese Arbeit zeigt die beim vorhergehenden Bild erwähnte sog. Spiegelmaserung des Lärchenholzes. Hier hat der Bildhauer fachkundig gewählt und die Eigenart des Holzes besonders eindrucksvoll ausgewertet (Schülerarbeit).

Weibliche Figur (Buchs, geschliffen und geölt). Dieses harte Holz eignet sich hauptsächlich für kleinformatige Arbeiten (Schülerarbeit).

Blume (Arve). Zum Schnitzen geeignetes astfreies Arvenholz läßt sich besonders leicht verarbeiten, weil es sehr weich ist (Schülerarbeit).

Flamme (Ahorn). Ahorn gehört zu den Hartholzarten, ist aber gut zu verarbeiten (Schülerarbeit).

Holzrüsten und Vorarbeiten

Bevor der Bildhauer oder Schnitzler sein Werk beginnen kann, wird er die dafür geeignete Holzart und das richtige Format bestimmen. Die *Wahl der Holzart* ist, wie schon erwähnt, von nicht geringer Bedeutung für das Gelingen des Werkes. Das Holzstück muß vorerst auf den Feuchtigkeitsgrad geprüft werden; denn nur trockenes und gut gelagertes oder gedämpftes Holz darf bearbeitet werden. Weist es zu großen Feuchtigkeitsgehalt auf, so ist es bei nicht fachkundiger Behandlung sehr dem Reißen ausgesetzt. Schon am stehenden Baum auf dem Feld können Risse vorhanden sein, die nur ein geübtes Auge rechtzeitig erkennt. Ferner gibt es noch verschiedene andere Fehler im Holz, auf die ich hier nicht näher eintreten kann, welche dem Schnitzler bei seiner Arbeit viel Sorge und Unannehmlichkeiten bereiten.

Die moderne Technik und der Holzhandel haben es dem Bildhauer sehr erleichtert, Holz zu beschaffen. In den größeren Sägereien und Holzhandlungen sind heute die gebräuchlichsten Holzarten in trockenem, bearbeitungsfertigem Zustand erhältlich. Sogar das grobe *Zuschneiden oder Aussägen* wird jetzt maschinell besorgt, so daß der Bildhauer dieser mühsamen, zeitraubenden Arbeit enthoben ist. Aber so einfach es auch ist, auf diese Art Holz zu kaufen, hat sie für den erfahrenen Bildner doch auch Nachteile: in den wenigsten Fällen kann er ausfindig machen, zu welcher Jahreszeit der Baum gefällt worden ist. Gerade hier liegt aber das Entscheidende für die *Haltbarkeit des Materials*. Holz, das für Möbel und Schnitzereien verwendet wird, müßte im Spätherbst oder anfangs Winter gefällt werden, wenn der Saft – das Blut des Baumes – sich am stärksten zurückgezogen hat. Das Holz der im Frühling oder Sommer, im vollen Saft, gefällten Bäume ist für bildhauerische Zwecke nicht zu empfehlen. Erstens ist es nicht treu und stabil und zum andern frühzeitig dem Wurm, der Zersetzung unterworfen. Das trifft vor allem beim kostspieligen Nußbaumholz zu. Beim Lärchenholz ist der Splint, das heißt die äußerste Schicht Jahrringe, in allen Fällen unbrauchbar. Er ist durch seine vom dunkleren Kernholz (auch Kitt genannt) leicht zu unterscheidende weißgraue Farbe erkennbar. Auch beim Nußbaumholz sind Splint und Kitt deutlich voneinander verschieden; doch ist der Nußbaumsplint günstiger beschaffen, so daß er in der Regel mitverwendet werden kann.

Das *Rüsten des Holzes* geschieht auf verschiedene Arten. Kleinformatige Figuren, Teller und Schalen werden aus Laden und Brettern herausgearbeitet, die man zu diesem Zweck auf bestimmte Maße zugeschnitten hat. Für mittelgroße Arbeiten ist es meist notwendig, verschiedene Stücke Holz zusammenzufügen und zu verleimen. Diese Arbeit besorgt am besten der Schreiner, der die dazu notwendigen maschinellen Einrichtungen besitzt. Für solche Verleimungsarbeiten darf nur sehr gut ausgetrocknetes Holz verwendet werden. Bei feuchtem oder halbdürrem Holz sind die Leimfugen nicht haltbar. Für große Figuren benötigt der Bildhauer ganze oder in zwei Hälften geschnittene Baumstämme. Große Figuren werden gewöhnlich bis zu einem gewissen Stadium aus noch feuchtem Holz ausgehauen, da dieses viel leichter zu bearbeiten ist, als das trockene zähe. Damit die großen Holzmassen nachher noch gut austrocknen können, werden die Figuren an der Rückseite ausgehöhlt oder das Mark, der Kern des Stammes, mit einem besonders dazu geschaffenen Bohrer herausgebohrt. Erst nach diesen Vorarbeiten dürfen die Werkstücke in den Trocknungsraum gebracht werden. Zu große Risse kommen nun beim Austrocknen kaum mehr vor.

Mit der Blattsäge – auch Waldsäge genannt – teilen wir den Stamm in die gewünschten Längen.

Mit Hilfe von Scheideeisen und Knüppel wird das Rundholz gespalten.

Die Rinde, die wir hier auf der Rückseite der einen Hälfte sehen, entfernen wir mit einem Beil.

Die beiden Hälften werden dann auf allfällige Risse und Fehler sorgfältig geprüft. Es kommt vor, daß wir z. B. auf verrostete, völlig überwachsene Nägel stoßen, die früher einmal in den Stamm gehämmert worden sind.

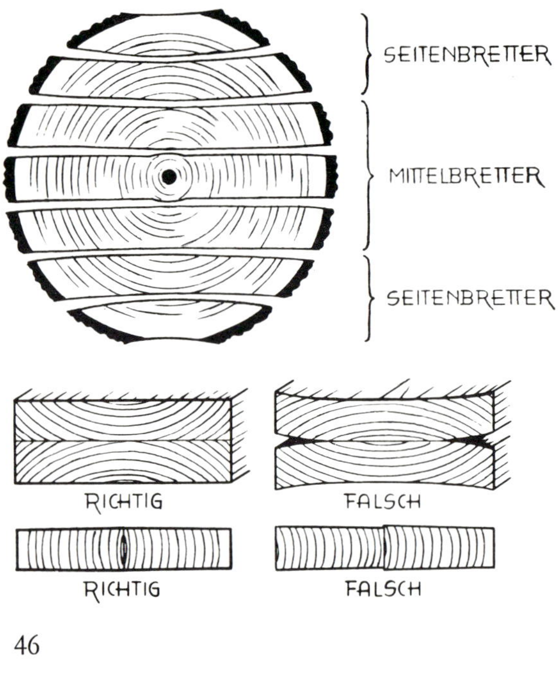

Verleimen von Holz.
Oben: Querschnitt eines in Bretter gesägten Baumstammes.
Mitte: Werden die Bretter aufeinanderliegend verleimt, müssen die Jahrringe voneinanderwegstreben. Die Skizze rechts zeigt uns, wie sich Bretter bei falschem Verleimen verhalten: mit dem Trocknen der Holzmasse ändern sie meist ihre bisher ebene Fläche (sie «verziehen» sich), besonders bei allzu trockener Luft.
Unten: Verleimen wir Bretter im Längsschnitt, müssen die Jahrringe – im Gegensatz zu den aufeinanderliegenden – zueinanderstreben. Rechts sehen wir ein fehlerhaftes Beispiel.

Holzfehler.
Links: So kann das Holz reißen, wenn es falsch gelagert wird (z. B. der Sonne stark ausgesetzt)! An diesem Beispiel sehen wir übrigens die verschiedene Färbung von Splint und Kern sehr deutlich.
Mitte: Diese Holzfuge öffnet sich, weil sie falsch verleimt wurde. Wer die beim vorangehenden Bild Seite 46 erklärten Gesetze nicht kennt oder mißachtet, wird dafür büßen müssen!
Rechts: Die Maserung tritt hier sehr stark hervor. Sie beeinflußt die Formen in wenig vorteilhafter Weise. Solche Hölzer eignen sich deshalb nicht für bildhauerisches Schaffen.

Lehrgang und Lehrplan für den Holzschnitzler und Holzbildhauer

Ein solides zeichnerisches Können, ein gut geschultes Auge und ein hochentwickeltes Formgefühl bilden die Voraussetzung für alle Arbeiten der Holzschnitzerei, wenn sie höheren Ansprüchen standhalten sollen. Bei der Lehrplangestaltung der kantonalen Schnitzlerschule Brienz sind alle Anforderungen einer vollwertigen Bildhauerlehre berücksichtigt worden, weshalb ich den eben erwähnten Lehrplan vollinhaltlich in diese Schrift aufnehme.

Der Schüler beginnt seine Lehre mit einfachen *Schnittübungen* an besonders dazu vorbereiteten Brettchen. Zuerst sind es Holzschnittübungen mit der bestimmten Absicht, den Schüler die Holzfasern (Jahrringe) nach allen Seiten und Richtungen schneiden zu lehren. Diese ersten Übungen, die übrigens den Schüler auch mit der Art des Holzes vertraut machen, zeigen immer wieder, daß das Durchschneiden der Holzfasern in verschiedenen Richtungen recht ungleiche Schwierigkeiten bietet (siehe Bild Seite 53).

Der Hohlschnitt mit den scharfen Kanten verlangt ein exaktes und sauberes Schneiden und ein gewisses Einfühlen in das Material. Hat der Schüler diesen Grad technischen Könnens erreicht, so beginnt er mit Übungen, die schon dekorativen Charakter tragen. Die Brettchen werden immer vielseitiger und fangen an, ornamental zu wirken.

Anschließend folgt das Gestalten in erhöhten Formen, das heißt aus den Brettchen werden Reliefs geschnitten. Mit seinen Schnittübungen bringt der Schüler bildhauerische Wirkung hervor. So geht er schrittweise weiter bis zu den anspruchsvollsten ornamentalen und figürlichen Darstellungen in Relief und Rundplastik.

Der Lehrplan der Schnitzlerschule Brienz ist für drei verschiedene Klassen aufgestellt; jeder Schüler schließt seine Lehrzeit mit der staatlichen Lehrlingsprüfung ab.

1. Die Heimarbeitsklasse mit drei Jahren Lehrzeit

LEHRPLAN

Praktische Fächer

Zeichnen
Modellieren und Gipsgießen
Schnitzen
Oberflächenbehandlung

Theoretische Fächer

Berufskunde
Kalkulation, Betriebsorganisation
Oberflächenbehandlung

In den praktischen Fächern

werden folgende Lehrstoffgebiete behandelt:
Kopieren nach Vorlagen und Modellen
Naturstudien
Schnittübungen, teilweise nach Ornamentlehrgang
Kerbschnittübungen, Gravierarbeiten
Kopieren einfacher Reliefarbeiten, wie Pflanzen- und Tierornamente, Schriftübungen in verschiedenen Typen
Schriftsatz. Technik: Gravieren, Stechen, Grundieren
Entwurf und Ausführung von Souvenirmotiven auf Teller, Kassetten, usw.
Blumen, Tiere, Landschaften usw.
Ausführen von ganzen Serien solcher Artikel
Entwurf und Ausführung einfacher dekorierter Gebrauchsgegenstände, einfache Vereins- und Sportauszeichnungen. wie Teller, Plaketten usw. mit Schrift und Motiv
Oberflächenbehandlung praktisch: Vorbehandlung des Holzes, Beizen, Kolorieren, Patinieren, Lackieren usw.
Einführung in die Spritztechnik

In der *Heimarbeitsklasse* werden Schüler ausgebildet, die hauptsächlich Souvenirs und Handelsartikel, wie Gebrauchsgegenstände, Schmuckkästchen, Schalen, Teller, kleine Figuren und Spielwaren herstellen. Diese Klasse kann als eine typische Schnitzlerklasse angesehen werden, da sie mit eigentlicher Bildhauerei wenig zu tun hat. Hier wird hauptsächlich das In-der-Hand-Schnitzen mit Kerbschnitt, Gravieren und Grundieren angewendet. Die Klasse hat mit den beiden Bildhauerklassen eines gemein, nämlich daß nur ideenreiche und begabte Schüler und vor allem gute Techniker später erfolgreiche Berufsleute sein werden.

Die kantonale Schnitzlerschule in Brienz ist in der Schweiz die einzige Fachschule dieser Art. Hier werden die Schülerinnen und Schüler nach einem bestimmten Lehrplan unterrichtet. Dieser ist zweckentsprechend aufgebaut. Selbst die erfolgreichste Abschlußprüfung ist aber später kein Ausweis, nun ein fertiger Bildhauer zu sein; das wollen wir ausdrücklich betonen. Die dreieinhalb- bis vierjährige Lehrzeit gibt wohl ein solides Rüstzeug mit, wird aber trotzdem nur Grundlage zu stetem Sich-weiter-Bilden und eifrigem An-sich-Arbeiten bleiben. Die Schnitzlerschule selber bietet Gelegenheit, in Fortbildungskursen Fertigkeit und Können zu fördern und zu vertiefen.

Es gilt, sich zu Beginn im Zeichnen, Modellieren und in der Schnitztechnik tüchtig zu üben. Gutes Zeichnen ist übrigens Vorbedingung jeglicher bildhauerischen Fertigkeit. Bevor die Schülerin mit Schnitzen beginnen darf, muß eine Zeichnung vorliegen. Auf unserem Bild überträgt sie ihren Entwurf mit Kohlepapier und hartem Stift (Blei- oder Messingstift) vom Zeichnungsblatt auf das zu schnitzende Holzbrettchen. Dieses wird sie nun auf Tisch oder Schnitzbank festklemmen, um dann mit dem eigentlichen Schnitzen beginnen zu können.

2. Die Ornamentsklasse mit dreieinhalb Jahren Lehrzeit

LEHRPLAN

Praktische Fächer

Zeichnen
Modellieren und Gipsgießen
Schnitzen
Oberflächenbehandlung

Theoretische Fächer

Formenlehre
Heraldik
Stilkunde (Kunstgeschichte für ältere Schüler)
Berufskunde
Kalkulation, Betriebsorganisation
Oberflächenbehandlung

In den praktischen Fächern

werden folgende Lehrstoffgebiete behandelt:
Kopieren nach Vorlagen und Modellen von der einfachen Übung bis zum gut geformten Ornament
Naturstudien, eingeflochten Materialkunde und Werkzeuglehre
Kopieren von guten, charakteristischen Stilmotiven; Romanik, Gotik, Renaissance, Barock, Louis XV, Louis XVI usw.
Kopieren und Entwerfen von Wappen
Verschiedene Schriften und Schriftsatz
Entwurf und Ausführung von Souvenirmotiven und kunstgewerblichen Gegenständen
Zeichnen und Schnitzen angewandter Stilornamente nach gegebenen Entwürfen für Bau, Möbel, Rahmen, Leuchter usw.
Entwurf und Ausführung neuzeitlicher Bau- und Möbelornamente
Entwurf, Werkzeichnung, evtl. Modelle und Ausführung angewandter Arbeiten wie Grabmale, Wegweiser usw.
Ausführung von Auftragsarbeiten
Oberflächenbehandlung praktisch: Vorbehandlung des Holzes, Beizen, Patinieren, Kolorieren, Lackieren, Polieren usw.
Einführung in die Spritztechnik

Die *Ornamentsklasse* ist wie die Figurenklasse eine rein bildhauerische Schulung, doch werden Kerbschnitt, Grundier- und Gravierarbeiten auch hier noch berücksichtigt. Die Lehrlinge werden zum Bildhauen, das heißt zum Herausarbeiten ornamentaler Dekorationen mit Hilfe von Meißel und Schlegel ausgebildet. Möbelschnitzereien, Wappen, Holzgrabmale, Reklameartikel, ornamentale Wegweiser und Architekturdekorationen sind ihre hauptsächlichsten Schaffensrichtungen.

Es empfiehlt sich, nur die für unsere Arbeit erforderlichen Werkzeuge vor uns liegen zu haben, sonst verlieren wir unnötig Zeit mit Suchen nach dem geeigneten Stück. Um zum Beispiel die drei Brettchen der untersten Reihe zu schnitzen, benötigen wir nur drei bis vier Hohlmeißel (auch Schalen genannt) und ein kleines Flacheisen für die Abschlußschnitte. Solche Schnittübungen bilden die Grundlage zu sicherer und sauberer Technik. Die untersten drei Brettchen zeigen Hohlschnitte, die Holzfasern nach allen Richtungen schneidend. Daß der Anfänger viel Geduld braucht, bis ihm eine tadellose Arbeit gelingt, dürfte wohl verständlich sein.
Die zweite Reihe zeigt im Brettchen links erhöhte Halbrundformen, in demjenigen rechts abwechselnd halbrunde und flache Kerbschnitte. Um auch ein Übungsstück dekorativ zu gestalten, kann man die Kerbschnitte in bestimmten, frei gewählten Abständen unterbrochen lassen.
Die dritte Reihe schließlich zeigt, wie eine Grundfläche herausgeschnitten wird. Beim mittleren Brett sehen wir deutlich den Aufbau der einzelnen, aufeinanderliegenden Formen. Das oberste Werk setzt schon ziemlich großes Können voraus und Sinn dafür, lebendig zu formen (Schülerarbeiten).

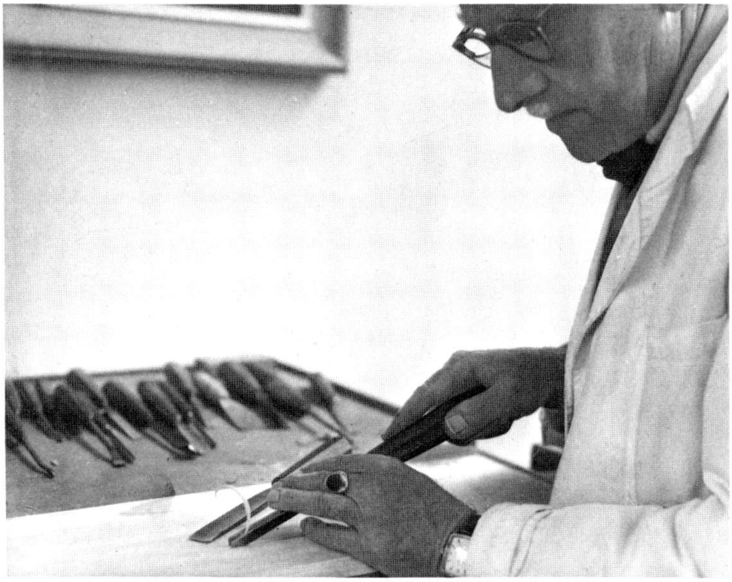

Wichtig ist, daß wir den Meißel richtig handhaben: mit der rechten Hand stoßen wir das Werkzeug, während die linke führt. Hier entsteht ein Kerbschnitt, gearbeitet mit einem sog. Bockfuß (siehe Bild Seite 29). Diese Technik brauchen wir, um Schriften in Holz zu schnitzen.

Um eine Grundfläche herausschneiden zu können, wird das Holz zwischen den bleibenden Bildformen weggeschafft. Diese einzelnen Vertiefungen müssen unbedingt alle auf eine gleiche Höhe zu liegen kommen. Erst wenn wir eine solche Grundebene geschaffen haben, können wir die bisher nur aufgezeichneten Bildformen zu gestalten beginnen.
Unser Bild zeigt, wie wir mit Schlegel und Meißel genau den Linien entlang das Holz von den bleibenden Bildformen wegschneiden und so die erwähnte wichtige Grundfläche erhalten. Die Form des Meißels muß genau derjenigen der Linie entsprechen. Ist unsere Grundebene erarbeitet, sollte die grob umrissene Bildform wie ausgesägt darauf liegen.

Mit einem flachrunden Meißel schneiden wir nun noch die Grundfläche sauber. Die kantigen Formen des Ornamentes sind auf dem Bild deutlich sichtbar.

Dieses Bild zeigt uns, wie der Meißel auf dem Grund richtig aufgelegt und zum Schnitt angesetzt wird. ▼

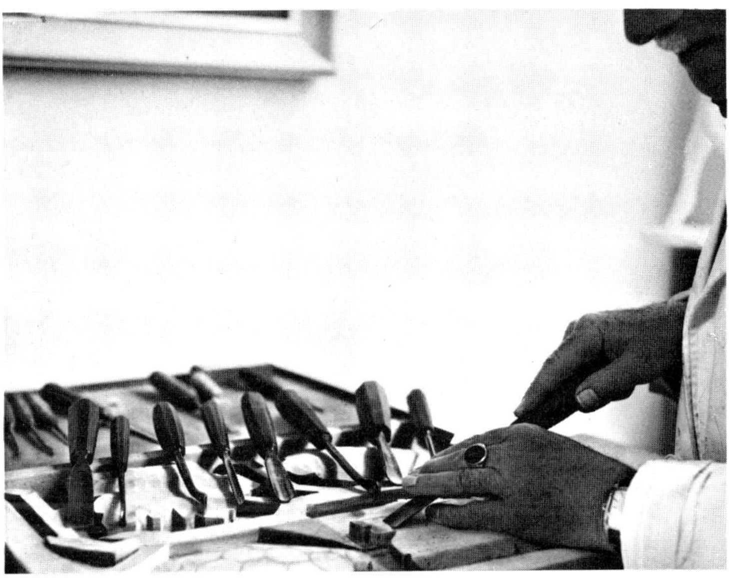

Die vier Stufen dieses Bildes veranschaulichen das Entstehen einer Dekoration auf vertieftem Grund. Oben links sehen wir das Holzbrett mit dem aufgezeichneten Motiv. Wir schneiden dann den Grund (siehe auch Bild auf Seite 55 oben) und erkennen oben rechts die Zeichnung schon deutlich vom Grund abgehoben. Bis hieher begnügten wir uns also damit, die großen, einfachen Formen herauszuschneiden. Mit kleineren Meißeln gestalten wir im nächsten Arbeitsgang die einzelnen Bildteile (Ast, Blätter, Trauben) zu ihren Grundformen. Die Detailumrisse finden wir im Bild unten links bereits fixiert, bei einer Traube sind schon die einzelnen Beeren aufgezeichnet und zum Schneiden bereit. Wir erkennen auch hier, wie wichtig es ist zu zeichnen: es wird während der ganzen Entwicklung der Dekoration immer wieder angewendet (einzelne Beeren, Blattumrisse, Blattrippen usw.), bis unten rechts die Arbeit in ihrer Vollkommenheit vor uns liegt.

Arbeiten, wie sie dem Pensum einer Ornamentsklasse entsprechen: rechts ein Wegweiser und links die Dekoration eines Treppengeländers.

3. Die Klasse für Figurenbildhauerei mit vier Jahren Lehrzeit

LEHRPLAN

Praktische Fächer

Zeichnen
Modellieren, Gipsgießen, Terrakotta
Schnitzen
Oberflächenbehandlung

Theoretische Fächer

Kunstgeschichte – Formenlehre
Anatomie (Tier und Mensch)
Proportionslehre (Tier und Mensch)
Berufskunde, Kalkulation, Betriebsorganisation

In den praktischen Fächern

werden folgende Lehrstoffgebiete behandelt:
Kopieren nach Vorlagen und Modellen von einzelnen Körperteilen von Tier, Mensch, Figur, sowie Ganzfigur- und Gruppen
Zeichnen, Modellieren und Aushauen eigener Entwürfe (Komponieren): Wegweiser, Grabmale, Sportpreise, Stammtischfiguren, Reklamearbeiten, Architekturplastiken, anatomische Unterrichtsmodelle
Natur- und Aktzeichnen, Portrait und Aktmodellieren
Übungen im Kleinformat (Souvenir)
Entwerfen und Schnitzen von Kleinfiguren nach ausgesägter Kontur, Fertigmachen von ausgebohrten Kleinfiguren (Tier und Mensch)
Gravierübungen (Tier- und Menschenfigur) und Schriftschnitzen zur Dekorierung von Schalen, Kassetten, Truhen, usw.
Übungen von Serienausführungen im Kleinformat
Entwerfen und Ausführung von Gebrauchsgegenständen (Kerzenhalter, Aschenbecher, Kalenderbretter usw.)
Ausführung von Auftragsarbeiten
Material- und Werkzeugkunde
Oberflächenbehandlung: Vorbehandlung des Holzes, Beizen, Patinieren, Kolorieren, Lackieren, Polieren, usw.
Einführung in die Spritztechnik

In der *Figurenklasse* werden Bildhauer für Menschen- und Tierfiguren im Klein- und Großformat ausgebildet. Das Programm umfaßt freiplastische Arbeiten, Sportpreise, Wegweiser, Architekturbildhauereien, Grabmale, Kirchenschmuck, anatomische und wissenschaftliche Unterrichtsmodelle und anderes mehr.
In jeder der drei Klassen wird gewissen Gebieten besondere Aufmerksamkeit geschenkt, doch ist es ausgeschlossen, sich auf einzelne Artikel zu spezialisieren. Die Erfahrung hat reichlich bewiesen, daß *Spezialisieren in der Holzschnitzerei* in Krisenzeiten unliebsame Folgen hat, indem die Leute Gefahr laufen, arbeitslos zu werden. Der

Schnitzler von heute muß so ausgebildet sein, daß er allen Situationen gewachsen und in der Lage ist, sich jederzeit neuen Verhältnissen anzupassen und mit neuen zeitgemäßen Ideen und Artikeln auf den Markt zu gelangen. Vielseitig geschulte Leute haben die Arbeitslosigkeit kaum zu fürchten.
Wenn auch der Lehrplan für alle drei Klassen verschieden aufgebaut ist, so hat er doch neben den anfänglichen Schnittübungen noch ein weiteres gemeinsam: *gediegene Souvenirartikel* für die fremden Gäste herzustellen; dem wird auch in den beiden Bildhauerklassen gebührende Aufmerksamkeit geschenkt. Die kunstgewerblichen Holzsouvenirs gehören zu den eigentlichen Visitenkarten der Schweiz, die in alle Welt hinausgetragen werden und von unserer Arbeit und Qualität Zeugnis ablegen. Leider ist es so, daß gut geformte und geschmacklich gediegene Arbeiten im Preis ziemlich hoch zu stehen kommen und deshalb weniger verkauft werden. Würde weniger kitschige ausländische Ware eingeführt, so wäre das vielumstrittene Problem der Souvenirs weitgehend gelöst. Die jüngere Generation der Holzschnitzler und Bildhauer ist geschmacklich besser geschult, als dies früher der Fall war.

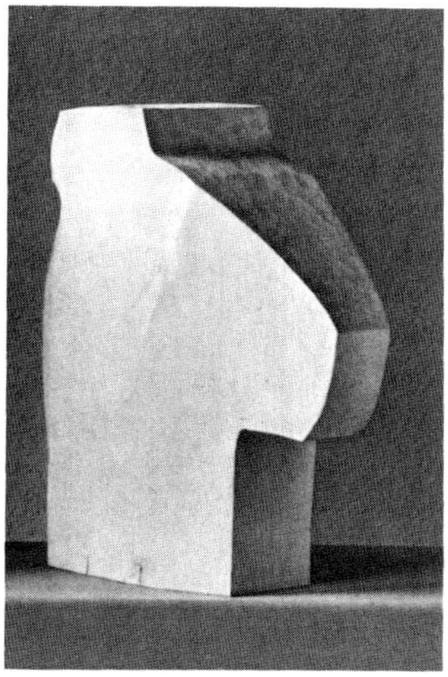

Auch bei den figürlichen Darstellungen muß man stufenweise vorgehen. Das zeigt uns eindeutig das Entstehen dieses Pferdekopfes. Nachdem der rohe Holzblock zugerüstet ist, schaffen wir eine Fläche, um darauf die Umrißlinien des Pferdekopfes aufzeichnen zu können. Nachher sägen und hauen wir das Holz außerhalb der Bleistiftlinie weg, so daß der Pferdekopf im Umriß bereits geformt ist. Die folgenden drei Abbildungen zeigen, wie der Bildhauer schrittweise vorgeht, bis das Werk vollendet ist (Schülerarbeiten).

Hier finden wir unser Stück Holz (von Bild auf Seite 45) wieder: mit Schlegel und Meißel können wir jetzt die Figuren herausarbeiten. Die beiden Pferde wurden zuerst mit Kohle oder Bleistift im Umriß auf die rohe Holzfläche aufgezeichnet und hernach in groben Schnitten herausgehauen. Die Meißelschnitte sind gut sichtbar. Links steht das Modell. Alle Detailformen legen wir zuerst in einfachen, durch Linien begrenzten Flächen an (Schülerarbeit).

Das überflüssige Holz ist so weit weggeschafft, daß nun die gewünschte Form und Bewegung der Pferde klar hervortritt. Das schrittweise Vorgehen bis hieher verlangt immer wieder zeichnerisches Festhalten von neuen Linien und Punkten auf dem Holz, da wir die bestehenden ja fortwährend wegmeißeln. Der Zirkel und ein geschultes Auge leisten uns dabei wertvolle Dienste, um die Maße genau vom Modell auf das Holz zu übertragen. Zuerst wird die Vorderseite gestaltet; die Rückseite bearbeiten wir erst, wenn die vordere ohne Holzfehler oder mißratene Schnitte gelungen ist (Schülerarbeit).

Wir arbeiten jetzt mit feineren Werkzeugen weiter: mit kleinen schlanken Eisen schneiden wir die Formen glatt und sauber, um nachher mit Feile und Glaspapier die Figur so abzureiben, daß uns scheint, Knochen und Muskeln lägen unter einer zarten Hauthülle. Kommt die Holzmaserung gut und deutlich zur Geltung, verzichten wir darauf, die Oberfläche mit Ölen, Hartgrund oder Farben zu behandeln. Ist die Maserung aber unklar und nur schwach sichtbar, wirkt das Holz mit einem Magerölanstrich, z. B. Schleiföl, sofort lebendiger. Die Figur sieht dann matt poliert aus (Schülerarbeit).

Diese Arbeiten sind nach Gipsmodellen kopiert. Deutlich erkennen wir, daß die Kinderhand erst als Grundform besteht. Es empfiehlt sich, die Figurenteile zuerst einzeln gründlich zu üben. Diese Detailstudien helfen mit, das Bearbeiten des Holzes, sicheres Sehen und Beobachten sowie die Formenkenntnisse zu schulen und zu fördern. Die vollständige Figur läßt sich dann mit viel weniger Mühe erarbeiten (Schülerarbeiten).

Kälbchen. Ein Beispiel bildhauerischer Arbeit, das als größeres Souvenir in den Handel gelangt (Schülerarbeiten).

Schnitt- und Gestaltungstechnik

Soll ein Bildwerk überzeugen, ist die *Schnittart* von nicht geringer Bedeutung. Es gilt, dem toten Material eine lebendige Form abzuringen. Um das zu erreichen, muß der Bildhauer zum vorneherein wissen, mit welcher Technik er Material echt und zugleich ausdrucksvoll gestalten kann. Hier spielt es eine große Rolle, wie der Bildhauer veranlagt ist.

Schon wenn er ein Modell in Wachs oder Ton plant, muß er sich klar sein, ob sein Werk für Bronze, Stein oder Holz bestimmt ist. Jedes der drei Materialien erfordert eine individuelle Formgestaltung; ebenso verlangen die verschiedenen Holzarten ihre eigene *Gestaltungstechnik*. Die wesentlichsten darunter sind die *Flachschnittechnik*, welche sich hauptsächlich für Weichholz, wie Linde, eignet, und die *plastische Schnittechnik*, bei der man mit sichtbarem Meißelschnitt die Formen dem Material abgewinnt. Meißel und Schlegel müssen dabei mit feinem Gefühl für das Holz geführt werden; die letztere scheint mir für Holz die charakteristische und lebendigste zu sein. Sie eignet sich besonders gut für mittelweiche Hölzer. Weiter ist noch die *Schleiftechnik* zu nennen. Hier beenden wir das Bildwerk nicht mit dem Schnitzeisen, sondern mit Raspeln, Feilen und Glaspapier. Dabei ist sehr zu beachten, daß wir die erreichten klaren und charakteristischen Formen nicht verschleifen und abschwächen; anderseits ist dieser Endschliff, wenn er zum klaren Weiterformen dient, gut geeignet, die Struktur (Holzmaserung) zur Geltung zu bringen. Die Schleiftechnik ist für rauhe, grobmaserige und harte Hölzer zu empfehlen. Bei Kirschbaum und Lärchenholz können wir ganz besonders schöne Ergebnisse erzielen, wenn wir es schleifen.

Bei figürlichen Arbeiten ist dem *Lauf der Maserung* ganz besondere Aufmerksamkeit zu schenken, da es der Formwirkung sehr schädlich sein kann, wenn die Maserung zu stark hervortritt. Bei Holzarten wie Palisander, Buchs und altem Wurzelnußbaum läßt sich die schöne Struktur herausholen, indem wir sorgfältig und fachkundig schleifen; dasselbe gilt für die Wirkung der Form. Holz hat ja gerade gegenüber Stein und Bronze den Vorzug, daß es weich und warm wirkt. Und damit fügt es sich harmonisch in jeden Raum ein.

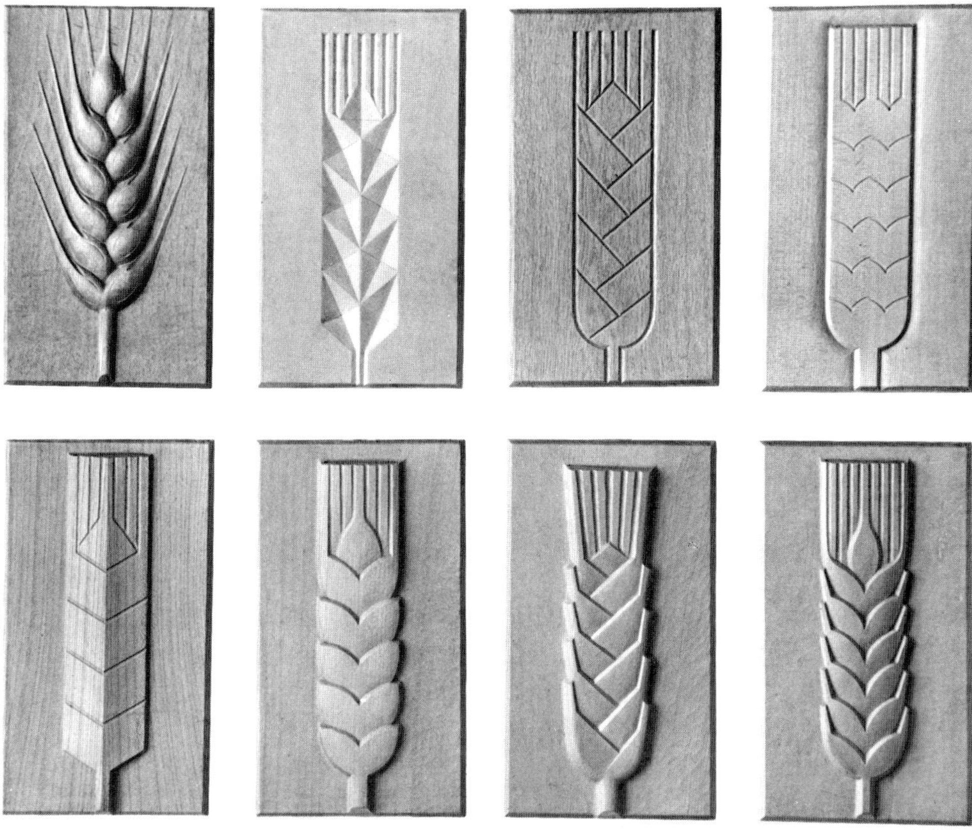

Mit diesem Ährenmotiv sind die verschiedensten Schnitt- und Gestaltungsmöglichkeiten dargestellt.

Obere Reihe von links nach rechts: das erste Bild zeigt eine Ähre in Relief-Form direkt nach der Natur geschnitzt. Alles Unnötige ist weggelassen, so daß nur die charakteristischen Formen einer Ähre zur Geltung kommen. Aus den Gegensätzen der zarten Grannen und den runden plastischen Formen der Körner ergibt sich eine schöne Wirkung. Wenn wir eine plastische Arbeit darstellen und gestalten, ist es wesentlich, solche Gegensätze auszunützen. Wissen wir die Formenwerte – sei es eine ornamentale Arbeit oder eine figürliche Darstellung – geschickt zu verteilen, wird es einem Bildwerk immer zugute kommen.

Die nachfolgenden drei Bilder zeigen verschiedene Gestaltungsmöglichkeiten in der Graviertechnik (Einschneidetechnik). Alle drei Darstellungen sind nicht naturalistisch aufgefaßt, sondern stilisiert, das heißt von der Natur abweichend umgeformt, um mit relativ wenig Arbeit eine dekorative Wirkung zu erreichen.

Die untere Reihe zeigt uns dasselbe Motiv in erhöhter Form. Bei diesen Darstellungen wurde, im Gegensatz zu den oberen Ähren, der Grund zurückgesetzt, damit die Ähren erhöht und in plastischer Form zur Geltung kommen.

Wie verschiedenartig ein Motiv gestaltet werden kann, wird in diesen acht Bildern gut sichtbar. Bei der untern Reihe ist zu beachten, wie sich die dekorative Wirkung zur reichsten und am meisten verzierten Ähre dieser Gestaltungsart steigert.

Mit feiner Schnittechnik gestaltetes romanisches Ornament in Lindenholz. Diese Füllung darf als ein technisches Meisterstück gelten.

Der Lehrer erklärt den Schülern die Schnitttechnik. Dieser Löwe ist in der Formgestaltung schon weit fortgeschritten. Am hintern Körperteil und namentlich am Schwanz, sind die rohen Schnitte der Vorarbeit noch deutlich erkennbar (Schülerarbeit).

Stier: Ohne Vorarbeiten (Aussägen usw.) wurde er frei aus dem Holzblock herausgearbeitet. Der Meißelschnitt ist sichtbar und der Form entsprechend untergeordnet.

Uhu: Kontrastwirkung zwischen dem roh geschnitzten Sockel und dem mit Raspeln, feineren Feilen und Glaspapier geschliffenen Vogel. Man fühlt, wie die Figur aus dem Holz herauswächst. Die glatten Formen des Uhus zeigen deutlich die Struktur des Holzes, während die groben Schnitte am Sockel diese wenig hervortreten läßt, was beweist, daß diese Technik für das betreffende Holz ungünstig ist (Schülerarbeit).

◂ Holzer: Glattschnittechnik mit strenger Linienführung. Diese Art Schnitzen setzt ein überaus sicheres Schneiden voraus. Schnitt für Schnitt muß gut durchdacht werden, bevor wir den Meißel ansetzen. Fehlschnitte dürfen nicht vorkommen.

Oberflächenbehandlung - Beizen und Bemalen des Holzes

Dürfen Holzschnitzereien gebeizt und bemalt werden? Diese Frage gibt zu vielen Meinungsverschiedenheiten und Diskussionen Anlaß. Ideal wäre es, wenn für sämtliche Schnitzereien nur geeignetes und erstklassiges Holz verfügbar wäre, das man im Rohzustand belassen oder nur mit einem farblosen Wachs oder Ölüberzug gegen Schmutz und sonstige ungünstige Einwirkungen schützen könnte.

Es gibt Holzarten, wie zum Beispiel Nußbaum- und Eichenholz, die im Rohzustand mit den Jahren an Schönheit gewinnen, während Linde, Lärche, Birnbaum eher verlieren. Die moderne Chemie stellt nun aber dem Holzbildhauergewerbe vorzügliche *Verschönerungs- und Konservierungsmittel* zur Verfügung. Wenn früher die dicken, schokoladebraunen Beizen den Holzcharakter vollständig zerstörten, so unterstreichen im Gegensatz dazu die heute auf dem Markt befindlichen *chemischen Beizen* die Schönheit des Naturholzes. Außerdem werden mit der in neuerer Zeit angewendeten *Spritztechnik* gerade in der Massenfabrikation sehr lebendige und schöne Resultate erzielt. Leider steht eine solche Apparatur nicht jedem Schnitzler und Bildhauer zur Verfügung, da sie sehr teure Einrichtungen mit sich bringt. Die Oberflächenbehandlung des Holzes ist allmählich zu einem so vielschichtigen Fachgebiet angewachsen, daß ich es hier nicht ausschöpfend behandeln kann. Wer sich dafür näher interessiert, wendet sich am besten an die kantonale Schnitzlerschule Brienz, die in dieser Hinsicht aufs modernste eingerichtet und deshalb in der Lage ist, jedem Interessenten Einblick in die Techniken der Oberflächenbehandlung zu gewähren.

Hier seien nur einige einfache Verfahren angegeben, die auch von Laien angewendet werden können und die immer gediegen und vornehm wirken:

Das Wachsen. Bei diesem Verfahren besteht durchaus keine Gefahr, daß das Holz oder vielmehr die Holzfaserung ungünstig beeinflußt werden könnte, wie das bei der Ölbehandlung leicht möglich ist. Wachs verändert das natürliche Aussehen des Holzes sehr wenig, schützt es aber vor Staub und Schmutz und gibt ihm bei sorgfältiger Behandlung einen sehr angenehmen, diskreten Glanz, der die Formwirkung vorteilhaft unterstützt. Das Wachsen hat auch den Vorzug, daß man die Arbeit immer wieder auffrischen kann, so daß die Schnitzerei in Form und Material immer überzeugend und lebendig wirkt.

Man nimmt Wachs, wenn möglich echtes Bienenwachs, schneidet oder hobelt es in kleine, zarte Stücklein, schüttet diese Splitter oder Späne in ein geeignetes Gefäß und gießt dem Wachs soviel Terpentin oder Benzin zu, bis es sich zu einem dünnen Brei rühren läßt. Lösen wir Wachs in Terpentin, trocknet es wesentlich langsamer, als wenn wir Benzin dazu verwenden. Dieser Brei wird warm auf das Holz aufgetragen. Dazu bedient man sich eines feinen, weichen Pinsels, so daß das Wachs gut in das Holz eindringen kann. Man läßt den Anstrich austrocknen und bürstet das Stück mit einer weichen Bürste ab, bis die erhöhten Formen einen feinen, zarten Glanz erhalten.

Ein ähnliches Resultat erreicht man mit verdünnter Bodenwichse oder mit Zellulose-Mattierung. Beide Präparate können fertig gekauft werden. Aber ich persönlich ziehe es noch heute vor, Wachs zu verwenden.

Das Ölen. Eine viel intensivere Wirkung als mit Wachsen erreicht man mit Ölen. Dieses beeinflußt das Holz sehr stark, so daß dunkle Partien oder dunkle Maserungen gegenüber helleren Stellen viel kontrastreicher hervortreten. Stark maseriertes Nußbaumholz mit dunklen Streifen darf nie geölt werden. Wo auch immer die Oberfläche des Holzes behandelt wird, müssen Form und Formwirkung der Arbeit das entscheidende Moment bleiben. Alle Behandlungen wie Beizen, Wachsen, Ölen dürfen nie formstörend, sondern müssen formfördernd wirken.

Bei gleichmäßiger Maserung, wo hell und dunkel nicht zu prall aufeinanderstoßen, erreicht man mit Ölen eine wundervolle Belebung des Materials. Man verwendet bei diesem Verfahren am besten ein Mageröl (Schleiföl), tränkt das Bildwerk ausgiebig mit dem Pinsel, läßt es einige Tage gut austrocknen und überzieht es anschließend – wie oben beschrieben – noch mit einer dünnen Wachsschicht. Der Wachsüberzug verhindert, daß das Öl zu rasch verdunstet.

Diese Behandlung ermöglicht es, gewisse Holzfehler – dunkle Flecken oder geflickte Stellen – weitgehend unsichtbar zu machen, indem wir dem Öl Farbpulver beimischen.

Das Beizen. Bestimmte Holzarten, die stumpf und trocken wirken, können mit Beizen in ihrer Art gehoben werden. Dafür gibt es in allen Drogerien wasserlösliche Pulver (Arti-Beizen), die nahezu jeder Holzart ihre charakteristischen Merkmale besonders deutlich erscheinen lassen. Ein weiteres Verfahren ist das sogenannte Chemisch-Beizen. Es sei hier der Vollständigkeit halber erwähnt. Die Anwendung verlangt aber praktische Instruktion und viel Erfahrung.

Das Bemalen. Um die Eigenart des Materials zu bewahren, setzt das Bemalen des Holzes ein besonderes Feingefühl voraus. Hier gibt es zwei verschiedene Wege. Die Schnitzerei kann mit einer farbigen Öl- oder Temperalasur behandelt werden, so daß das Holz trotz des farbigen Einschlags doch Holz bleibt. Wir können aber auch direkt zur Deckfarbe greifen und das Holz mit einem Anstrich decken. Beide Arten der Oberflächenbehandlung sind in der Berner Oberländer Holzschnitzerei gebräuchlich. Die Deckfarbe wird hauptsächlich bei Arbeiten, die der Witterung ausgesetzt sind, wie Wegweiser, Reklamen oder Architekturarbeiten, verwendet, ferner bei kleinen Souvenirs, zum Beispiel bei Trachtenfiguren und Landschaftsbildern. Bei der Öllasur mischt man dem Öl Farbpulver bei und streicht diese Farbmischung in dünnem Zustand auf die Schnitzerei, nimmt einen weichen Lappen und wischt damit die erhöhten Formen sorgfältig ab, so daß die Farben nur in den vertieften Stellen des Bildwerkes liegen bleiben. Mit dieser Behandlung erhält man eine schöne Wirkung. Öl- und Temperafarben sind in Tuben fertig zubereitet in Drogerien erhältlich. Sie können mit gekochtem Leinöl bzw. Wasser beliebig verdünnt werden.

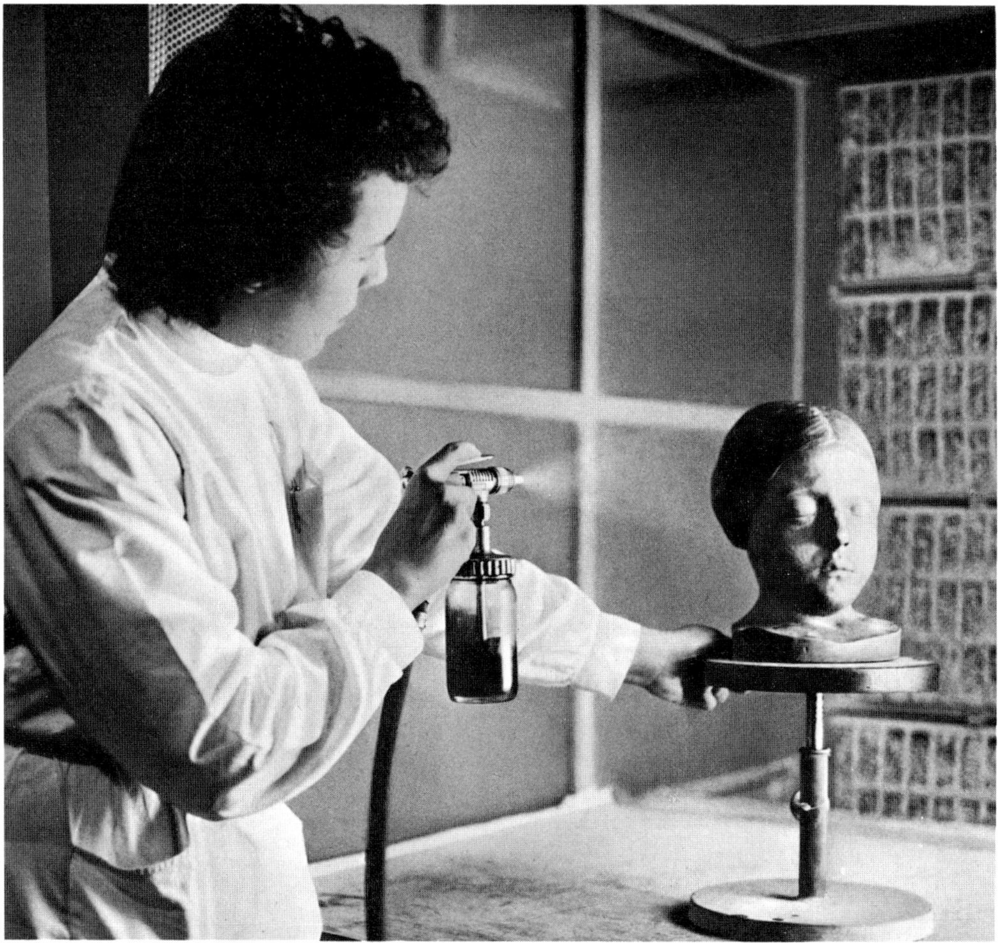

So wird die Spritzpistole bedient (Schülerarbeit)

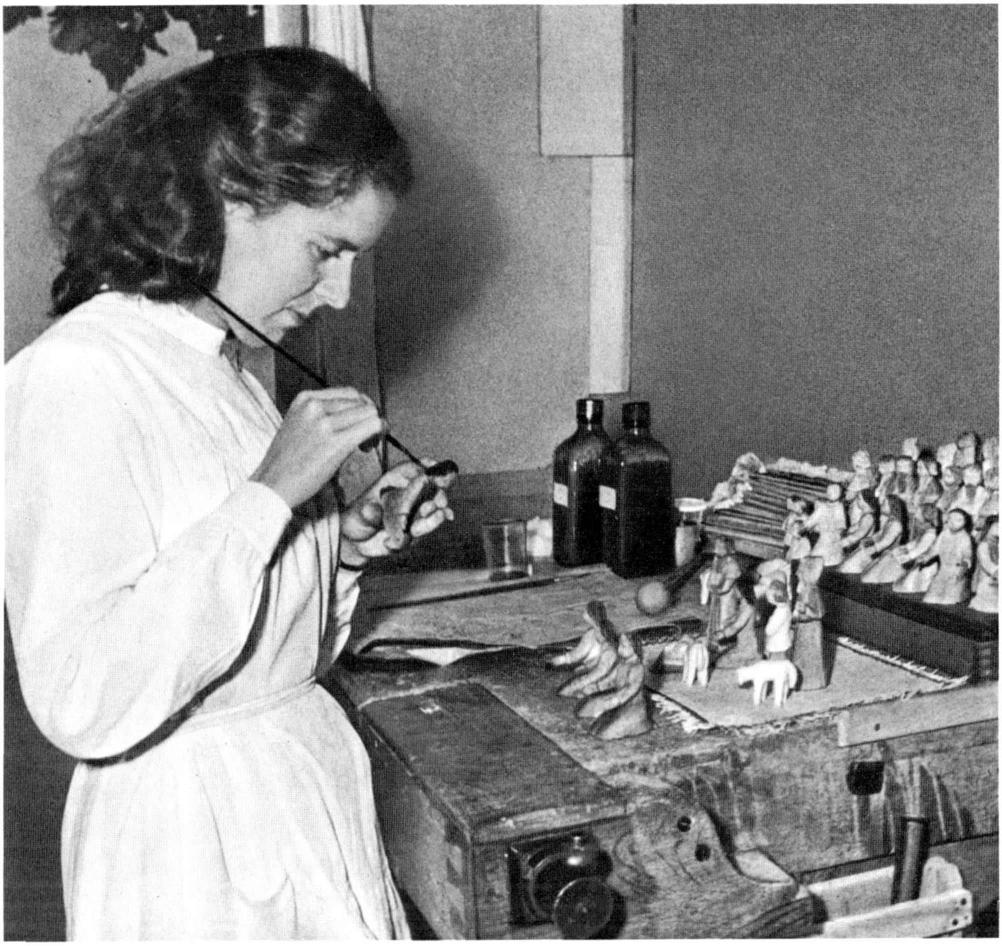

Das Patinieren mit dem Pinsel; die tieferen Stellen werden mit einer schwachen Mischung von Öl und Farbpulver dunkler abgefärbt. Es können Ölfarben in Tuben verwendet werden. Sämtliche Chemikalien sind in den Drogerien oder in Spezialgeschäften für Malutensilien erhältlich.

Schreitender Bär; Linde, roh geschliffen. Die Maserung des Holzes tritt durch das Schleifen diskret und doch lebendig hervor. Hier würde ein Ölanstrich der Form sehr schaden, da die Holzmaserung zu aufdringlich erscheinen würde. Es dürfte höchstens ein Wachsüberzug erwogen werden (Schülerarbeit).

Stier; Nußbaum, roh geschliffen. Sehr schöne Maserung. Ein Ölen würde dieser Holzstruktur schädlich sein, indem Hell und Dunkel zu kontrastreich wirken würden. Zur Konservierung des Holzes wäre hier eine Wachsbehandlung, die die Struktur nur wenig beeinflußt, eher zu empfehlen (Schülerarbeit).

Kalb; Nußbaum, mit Mageröl (Schleiföl) gestrichen. Das Öl, mit einem weichen Haarpinsel aufgetragen, erhält der Holzart nicht nur das Natürliche, sondern es läßt auch deren Struktur wesentlich kräftiger hervortreten. Das Holz wirkt etwas dunkler, aber sehr lebendig.

Pferd; Kirschbaum, geölt. Durch das Ölen wird das Holz stark beeinflußt. Die Maserung tritt kräftig hervor. Dieses Stück stellt einen Grenzfall dar. Stärkeres Hervortreten der Maserung würde nachteilig wirken.

Murmeltiere; Linde roh, Schnittechnik. Das Material erscheint hier fad und wenig charakteristisch. In solchen Fällen ist Ölen zu empfehlen, damit das Material besser zur Geltung kommt (Schülerarbeit).

Murmeltiere; gleiche Gruppe wie vorhergehendes Bild, Ölspritztechnik, in den Vertiefungen etwas dunkler getönt. Die Formen wirken plastischer. Die Maserung wird durch Spritzen und Patinieren wenig beeinflußt. Streichen wir jedoch das Öl mit einem Pinsel auf (statt zu spritzen), würde es tiefer in das Holz eindringen und entsprechend intensiver wirken (Schülerarbeit).

Wegweiser; Linde. Nach dreimaligem Anstrich mit Mennige, der das Holz gegen Witterungseinflüsse und weitgehend auch vor dem Reißen schützt, wird die Arbeit mit Ölfarben bemalt (Schülerarbeit).

Anatomie und Naturstudien

Studien nach der Natur, sei es Zeichnen oder Modellieren, sind für den Figuristen wie für den Ornamenter überaus wichtig. Erstens schulen sie Hand und Auge, und zum andern erwirbt sich der Schnitzler und Bildhauer durch ein solides Naturstudium Formkenntnisse, die nötig sind, um ein Bildwerk erfolgreich zu gestalten. Eine Figur richtig aufzubauen vermögen wir nur, wenn wir die *Anatomie von Mensch und Tier*, namentlich den Knochenbau, das Spiel von Muskeln und Bändern beherrschen. Wenn wir erfassen, wie ein Körper gebaut ist, wie er sich bewegt und wie seine Glieder funktionieren, ist es möglich, eine Figur konstruktiv richtig und überzeugend zu gestalten. Von den Normalproportionen abzuweichen – zu kleiner oder viel zu großer Kopf, zu lange oder zu kurze Beine beispielsweise – zugunsten von Rhythmus und Ausdruck kann und darf sich nur ein Bildhauer erlauben, der Bau und Funktionen des darzustellenden Körpers gründlich kennt und eine allgemeine und gute berufliche Schulung genossen hat; denn nur er ist in der Lage, derartige Abweichungen von Normalformen sinnvoll darzustellen.

Hier stehen wir am Scheidepunkt von *Kunst und Handwerk*. Alles Handwerkliche, Wissenschaftliche und Materialkundliche kann durch intensive Arbeit und Studien erlernt werden. Um aber ein Kunstwerk von innerer, kraftvoller Lebendigkeit zu schaffen, ist es entscheidend, ihm – im übertragenen Sinn – auch Geist und Seele zu verleihen, das Unaussprechliche in der Kunst, das immer ein Geheimnis bleibt und nirgends gelernt und nicht erklärt werden kann: die Gabe, ein geborener und gottbegnadeter Künstler sein zu dürfen.

So wie der *Figurenbildhauer* in der Anatomie, muß der *Ornamenter* gründliche Kenntnisse der Formen von Blumen, Pflanzen und andern Dingen haben, die in sein Schaffensgebiet hineinreichen. Denn auch hier liegt die Schönheit in der gut gewählten Form und in den wohlabgewogenen Proportionen.

Vermessen wir eine Figur, nehmen wir immer die ganze und die halbe Kopflänge als Grundmaß. Die Vermessungspunkte sind immer auf festen Knochen anzusetzen, wie zum Beispiel Stirnbein, Kinn, Brustbein, Wirbel, Darmbein, Sitzbein, Sprungbein u. a. Für den *Aufbau einer Figur* (ob Tier oder Mensch) ist das Knochengerüst als Träger besonders wichtig: es ist für die Figur, was die Balken für ein Gebäude. Ganz besondere Aufmerksamkeit ist den Gelenken zu schenken. Sie stellen die Wendepunkte ganzer Körperteile dar. Bei den bewegten Figuren sind die Richtungen der einzelnen Körperteile klar und deutlich zu konstruieren. Bevor wir uns mit Detailformen befassen, muß eine Figur konstruktiv und in der Bewegung lebendig und überzeugend wirken; denn Detailarbeit allein wird Mängel am elementaren Aufbau nie zu überdecken vermögen. Am meisten wird stets bei der *Muskelbildung* gefehlt, indem die Streck- und Beugemuskeln in ihrer Tätigkeit ungenügend verstanden werden. Die Muskeln bedeuten am lebenden Körper dasselbe, was die Riemen an einer Maschine; sie bewegen die Knochen

und bringen somit den ganzen Körper in Bewegung. Bei der Maschine sind es die Riemen, welche die Räder und Hebel in Gang setzen.
Um *bewegte Figuren* darzustellen, wollen wir vermeiden, Photographien zu kopieren. Photographien sind starre Momentaufnahmen, die keine Bewegung zeigen. Eine bewegte Figur plastisch und lebendig zu gestalten, setzt Verschiedenes voraus: der Bildner muß die Bewegung stets von der Ruhestellung aus entwickeln und konstruieren. Zum Beispiel das Schreiten eines Mannes: zuerst die Ruhestellung, dann das Abstoßen mit dem Fuße, Anheben des Beines und wieder Aufsetzen des Fußes. Alle diese Phasen kommen für eine überzeugende Schrittbewegung in Betracht. Sehr wichtig ist natürlich, daß der Bildner auch das nötige Gefühl für den Rhythmus besitzt. Wir wissen, was für eine Komposition die Vertikale, die Horizontale und die Schräglinie bedeuten. So ist beim aufrecht schreitenden Manne die Vertikale der Ruhestellung als Grundrichtung ausschlaggebend. Nach ihr richtet sich die Schräglinie des vorwärts geneigten Körpers, die sich aus dem Vorwärtsschreiten ergibt. Dieselbe Bedeutung hat die Horizontallinie beim Tierkörper aller Vierfüßer.
Diese Hinweise können nur Anregung zu intensivem Studium sein. Gute Kenntnisse in Anatomie und Psychologie (Ausdruckslehre) sind Voraussetzung, um überzeugende und klare Figurenplastiken zu schaffen.

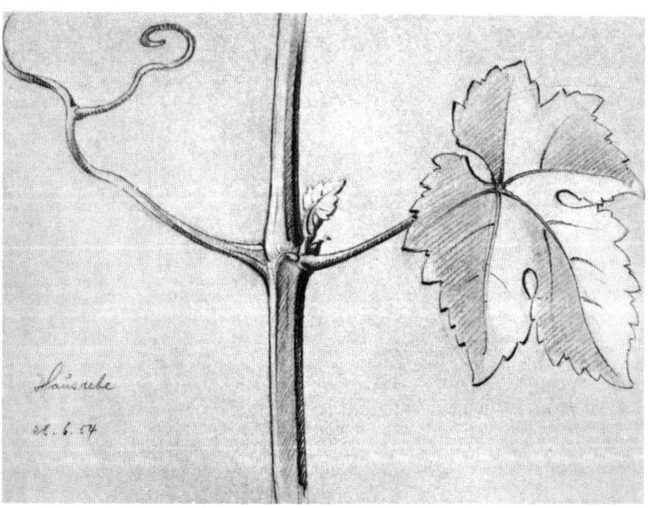

Hausrebe; Pflanzenstudie nach der Natur. Beachtenswert sind die vom Hauptstengel losgelösten Zweige. Diese klare Gliederung der Details ist eine Art Anatomie der Pflanze.

Soldanelle; dekorativ gestaltet

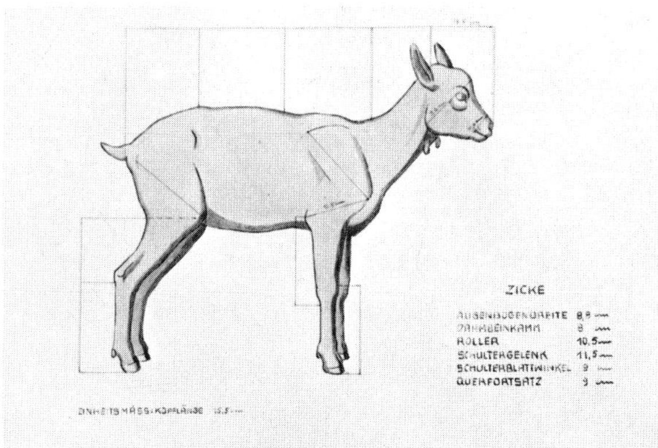

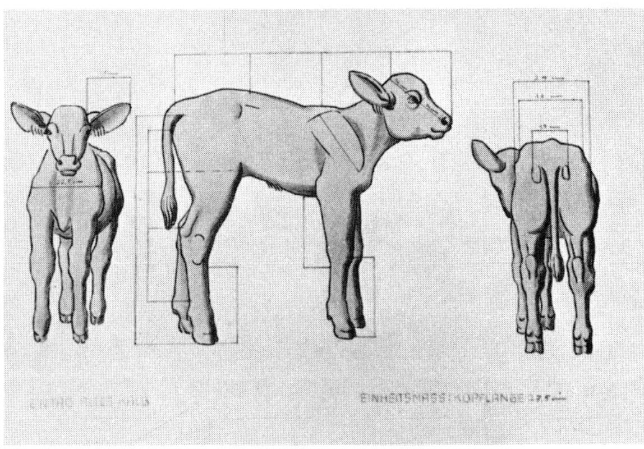

Ziege und Kälbchen. Das Grundmaß ist hier die Kopflänge vom Hinterhauptkamm bis zu den Nüstern. Es gilt als Einheitsmaß zum Vergleich mit den andern Körperteilen; dadurch erhalten wir die richtigen Proportionen.

Weidende Kuh, zeichnerische Detailstudie nach Natur. Auch hier hat das Knochengerüst eine zentrale Bedeutung.

Weidende Kuh nach der Natur modelliert, patiniertes Gipsmodell. Bei dieser Naturstudie finden wir Knochen und Muskeln sehr detailliert festgehalten.

Muskeln des Pferdes; Ausführung in Holz. Durch Entfernen der umhüllenden Haut und der Fettpolster ist die äußere Muskulatur freigelegt, wie wir sie hier dargestellt sehen. Trotz der vielen Muskeln bleibt aber das Knochengerüst deutlich erkennbar.
Nur wenn wir das Knochengerüst als beweglichen Baukörper betrachten, und die Funktionen der Muskeln verstehen, sind wir in der Lage, jede Form sinngemäß zu gestalten und uns auf das Wesentliche zu beschränken. Kurz: wir müssen die für unser Bildwerk wichtigen Muskeln und Formen mit einem Blick erfassen, um mit knappen Mitteln schlußendlich ein Maximum an Bewegung und seelischem Ausdruck hervorzubringen (Schülerarbeit).

Wieherndes Pferd; auch beim Tier kommen Gemütsbewegungen stark zum Ausdruck. Hier sind alle Detailformen zugunsten der Bewegung und des Ausdrucks auf ein Minimum beschränkt, so daß nur die großen Formen zur Geltung kommen.

St. Georg. Dieses Relief zeigt, wie bei der Darstellung einer Gruppe nicht nur die ausgewogene Raumaufteilung wichtig ist, sondern wie die Figuren auch anatomisch richtig gestaltet werden müssen.

Entwerfen und Gestalten eines Bildwerkes

Zeigt sich ein kunsthandwerklich Schaffender im Laufe seiner Berufsausbildung *zeichnerisch und technisch besonders begabt*, so ist er befähigt, bildhauerisch zu gestalten. Ob es sich dabei um kunsthandwerkliche oder freiplastische Arbeiten handelt, bleibt an sich gleichgültig. Wichtig ist, daß er eine Idee, ein Motiv in sich trägt, dem er in festem Material Form und Gestalt geben will. Eine solche Idee kann unter Umständen ganz plötzlich im Gehirn des Schaffenden auftauchen. Vielleicht liegt ein tiefes Erlebnis vor, das ihn innerlich beschäftigt und welches er vielleicht wochen-, ja monatelang in sich trägt und geistig verarbeitet, bis es ihn zwingt, ihm in Form und Gestalt Ausdruck zu geben. Ist es so weit, greift er zu Bleistift und Papier, oder er fängt an, direkt in Wachs oder Ton skizzenhaft zu formen, zu suchen und zu studieren, wie er seine Idee bildhaft darstellen könne. Hier beginnt das Entwerfen oder Komponieren und Gestalten. Diese sehr wichtige Vorarbeit setzt ein Feingefühl für Rhythmus und Proportion unbedingt voraus. Für den Bildhauer ist es außerordentlich wichtig, daß er sich bei dieser Studie immer das Material vor Augen hält, das er für sein Werk vorgesehen hat. Dies gilt ganz besonders für die Gestaltung einer Freifigur.

Bei einer *Reliefdarstellung* kommt es auf die geschickte *Raumverteilung* zwischen Figur und Grundfläche an. Gelingt es, den Raum harmonisch aufzuteilen, ist schon Entscheidendes erreicht. Bei einer *Vollfigur* sind in erster Linie der *konstruktive Aufbau* und die *proportionelle Gestaltung* wichtig. Weist ein Bildwerk in dieser Hinsicht Schwächen oder gar Fehler auf, so ist die ganze Arbeit zum vorneherein in Frage gestellt. Bei diesen kompositionellen Vorarbeiten muß sich der Bildner bewußt sein, daß er kubisch, das heißt dreidimensional arbeiten und sich der Grundelemente Kugel, Zylinder und Würfel bedienen muß. Fehlen einem Bildwerk diese grundlegenden Maße, so vermag es niemanden zu beeindrucken, es wird fad und belanglos.

Das Suchen nach neuen Motiven, das Entwerfen auf Papier und in Ton kann nicht genug geübt werden. Dies ist die grundlegende Voraussetzung für ein fruchtbares Gestalten.

Bevor wir uns mit Entwerfen und Gestalten befassen, müssen wir uns zeichnerische Grundbegriffe aneignen. Hier werden Hand und Auge beim Abzeichnen eines Gipsmodelles geschult. Dieses Abzeichnen ist sehr zu empfehlen, hilft es doch Gefühl für Form und Proportion entwickeln.

Entwurf einer ornamentalen Füllung. Die beiden kleinen Skizzen links zeigen, wie der Gestalter nach der besten Form, der Aufteilung des Ornamentes auf den Raum gesucht hat. Es ist wichtig, daß jeder Schnitzler und Bildhauer seine ursprüngliche Idee ständig entwickelt und verbessert, bis ein in alle Einzelheiten durchdachter Entwurf vorliegt, nach dem dann die Arbeit ausgeführt werden kann.

Hier sehen wir nochmals, wie beim Schnitzen eines Ornamentes (siehe auch Bild Seite 56) stufenweise vorgegangen wird. Bei dieser Arbeit liegen die höchsten Stellen der Blumen und Blätter auf gleicher Höhe, um die Wirkung des Bildes kräftig und einheitlich erscheinen zu lassen. Hingegen ist der Stengel leicht zurückgesetzt, damit die Hauptmotive besser hervortreten.

Ornament. Der Grund ist stark zurückgesetzt und ohne Umrandung, um die große Tiefenwirkung zu unterstützen. Vertiefungen dieser Art werden soweit wie möglich am besten mit dem Bohrer und erst nachher mit Schlegel und Meißel bearbeitet.

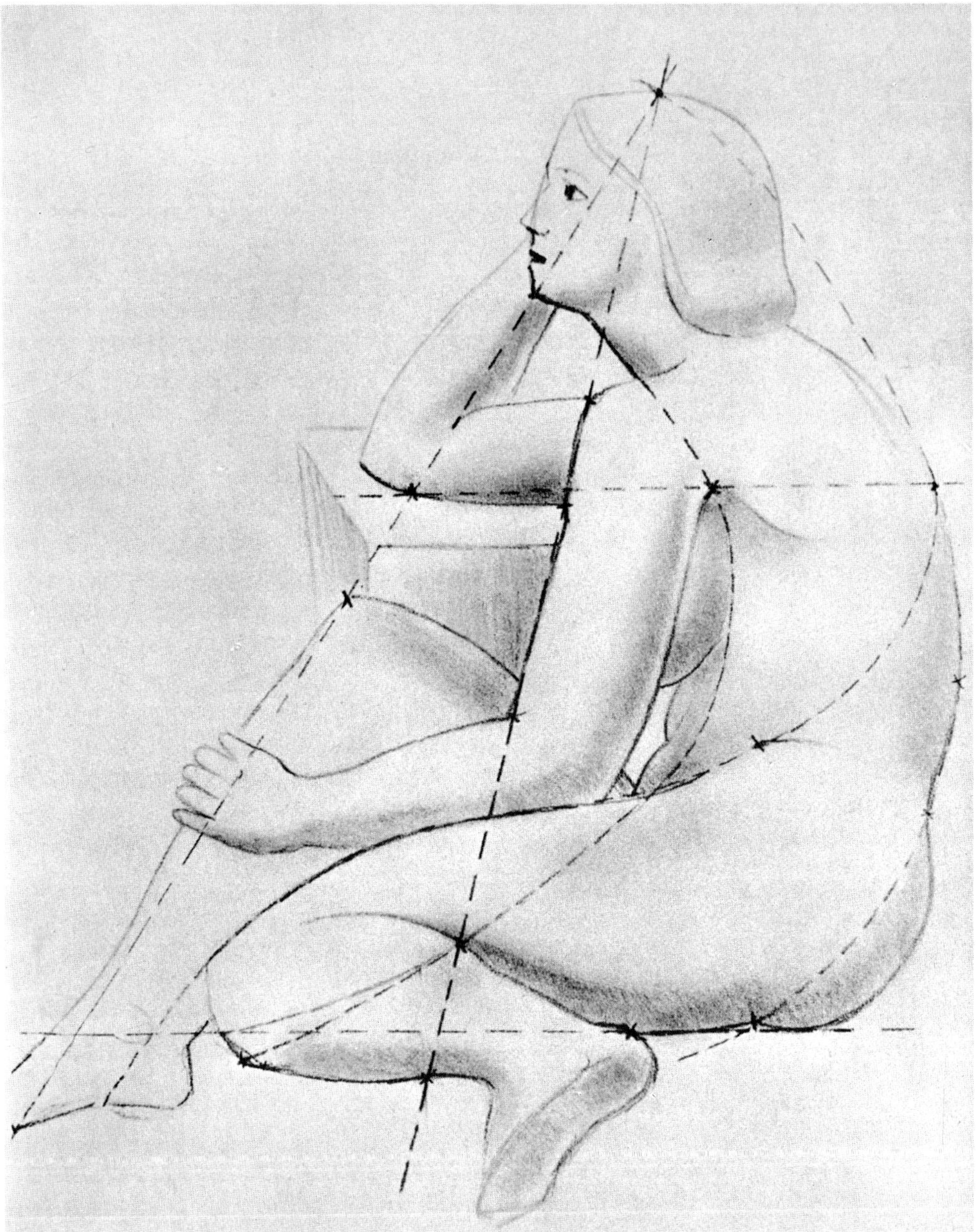

Schon die Zeichnung muß die Einheit und Geschlossenheit des Bildwerkes aufweisen. Wohlabgewogene Proportionen, klare Gestaltung der einzelnen Körperteile und Bestimmtheit in der Linienführung (horizontal, vertikal, diagonal) sind unerläßliche Voraussetzungen. Die führenden Linien der Hauptbewegung (gestrichelt) treffen sich auf konstruktiv wichtigen Punkten (Kopfmitte, Achselhöhle, Kinn, Knie usw.) und schaffen so Einheit und Geschlossenheit in der Gesamtwirkung. Diese Kompositions- und Formengesetze gelten für Ornament, Kleinfigur und Großplastik (lebensgroße Figuren).

Sinnendes Mädchen. Die ganze Figur ist in ein Dreieck gestellt; auch die beiden Beine und der rechte Arm bilden eindeutig Dreiecke.

Sinnende (Linde). Direkt aus dem Holzblock herausgehauen.

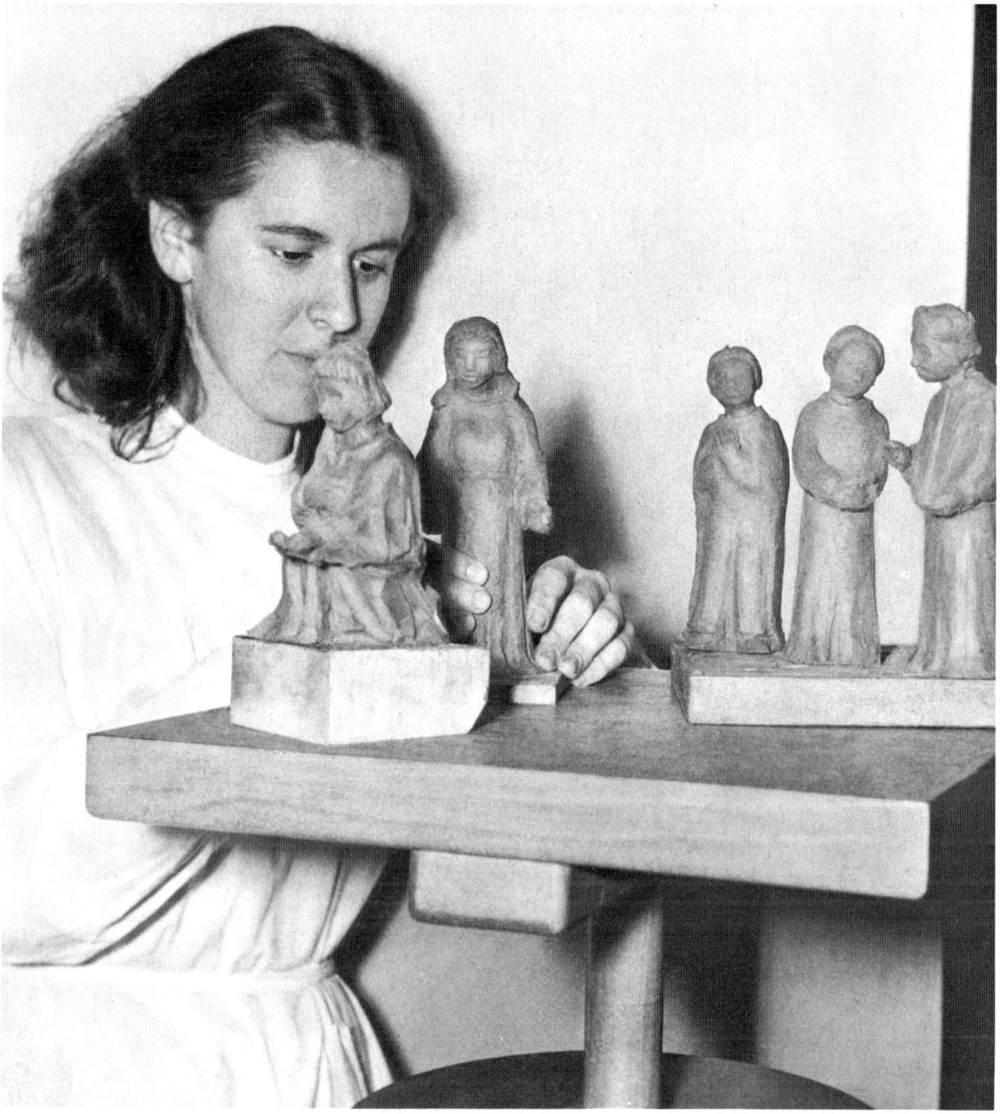

Die Entwicklung des Formgefühls wird besonders gefördert, wenn wir beginnen, direkt in Ton zu entwerfen. Sobald wir den Gegenstand oder die Figur im Geist klar vor uns sehen, dürfen wir die weiche Masse zu bearbeiten wagen.

Ziehende Pferde. Die erste Idee finden wir flüchtig auf einem Fetzen Papier festgehalten, um sie in der Folge bis zum letzten Entwurf zeichnerisch oder in Ton weiterzugestalten. Solche Entwürfe sollten sich stets auf selbst Gesehenes oder Erlebtes stützen. So erhalten wir die nötigen Grundlagen zu schöpferischer Tätigkeit.

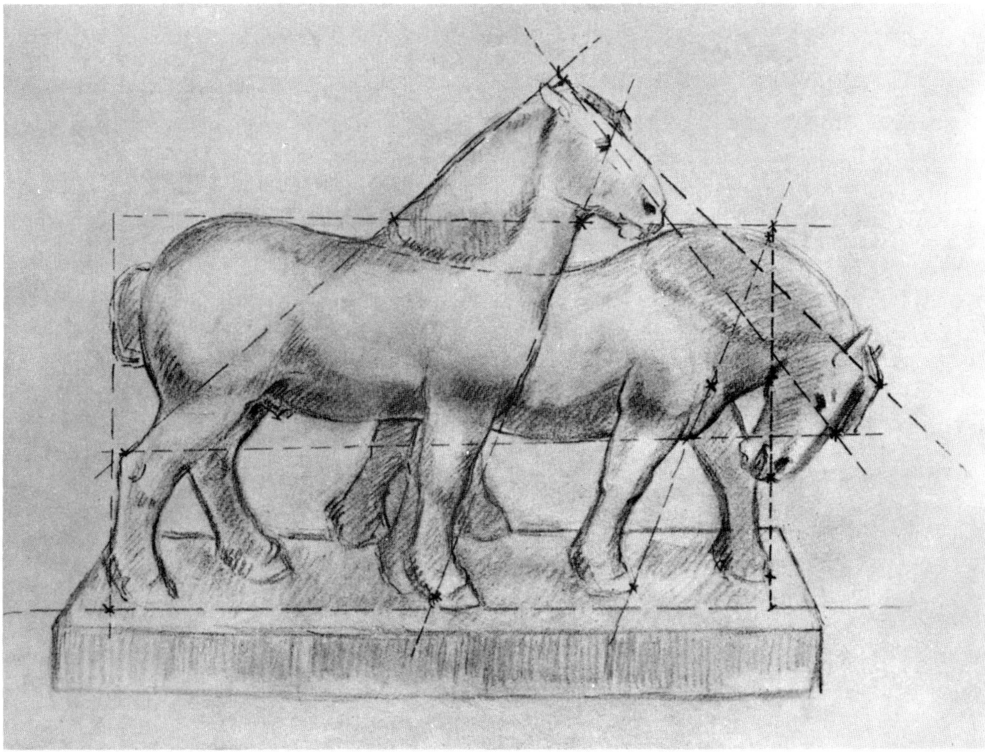

Pferdegruppe. Hier sehen wir den konstruktiven Aufbau: die Hauptkörper der beiden Tiere sind in ein Rechteck eingebaut, wobei auch die horizontalen Linien wieder grundlegend wirken. Der Kopf des vorderen Pferdes ragt über das Rechteck hinaus und gibt den ganzen Gruppe einen pyramidenförmigen Giebelabschluß. Alle Linien treffen sich wie im Bild auf Seite 95 immer auf organisch oder konstruktiv wichtigen Punkten.

Studie eines einzelnen Tieres zu der Pferdegruppe.

Pferdegruppe. Es genügt nicht, daß man zwei Figuren nebeneinanderstellt, um eine ausdrucksvolle Gruppe zu erhalten. Die Figuren – hier sind es Pferde, wartende Schwerarbeiter – müssen im Ausdruck, wie im Rhythmus der Linien und in der Bewegung eine Einheit, ein Ganzes bilden.

Arbeiten mit Zirkel und Punktiermaschine

Eine große Zahl von Schnitzereien entsteht ohne Zirkel und ohne Maßstab. Es handelt sich dabei meistens um Arbeiten, deren Formen und Proportionen durch die ausgesägten Umrisse schon bestimmt sind oder die frei von Hand mit geschultem Auge aufgezeichnet werden. Es ist also eine Übungssache. Bei diesem *gefühlsmäßigen Schnitzen* können recht interessante und lebendige Erzeugnisse entstehen.
Ganz anders stellt sich das Verfahren bei *bildhauerischen Arbeiten*, die *nach einem guten Modell* in Ton oder Wachs oder Gips geschaffen werden. Hier kommt der Bildhauer ohne Zirkel und Punktiermaschine nicht aus, um das Modell auf den Stein- oder Holzblock zu übertragen. Es gibt in den Großstädten Bildhauer, die sich auf solches Punktieren spezialisieren. In Paris heißt man sie «*practiciens*». Sie kopieren die Modelle der Wachs- und Tonmodelleure in Holz oder Stein. Wie ich in der Einführung darlegte, sind viele Künstler nur *Modelleure*, die das Aushauen aus dem Block nicht beherrschen. Es gibt aber auch Bildhauer, welche die körperlich anstrengende, handwerkliche Arbeit des Aushauens scheuen, nur die Modelle schaffen und die Ausführung den routinierten, mit Zirkel und Punktiermaschine vertrauten Practiciens überlassen.
Der Bildhauer benötigt jedoch Maßstab und Zirkel nicht nur zum Übertragen, sondern auch um Proportionen von Menschen- und Tierkörpern zu bestimmen. Diese Messungen werden in der Regel in den Kunstschulen gepflegt und gehören in das Gebiet der Verhältnislehre.

Wer sich mit Punktieren befassen will, wende sich an einen tüchtigen Bildhauer. Es scheint mir unmöglich, mit dem Zirkel zu arbeiten und Punkte zu setzen, ohne in dieses Verfahren praktisch eingeführt worden zu sein.
Die Punktiermaschine ist das einfachste und sicherste Hilfsmittel, um ein Bildwerk genau nach dem Modell in festes Material zu übertragen.
Das Modell wird auf ein Holzgerüst gestellt und daran drei Schrauben eingepaßt (zwei am Sockel und eine oben auf dem Gerüst). In die Mitte der Schraubenköpfe bohren wir zuvor mit dem Eisenbohrer ein Loch. Die Maschine wird dann in die Löcher dieser drei Schrauben eingesetzt. Der ausgehauene Block des zu schaffenden Bildwerks kommt ebenfalls auf ein Holzgerüst zu stehen, wo übereinstimmend mit dem Gerüst des Modells auch drei Fixierschrauben eingelassen werden.

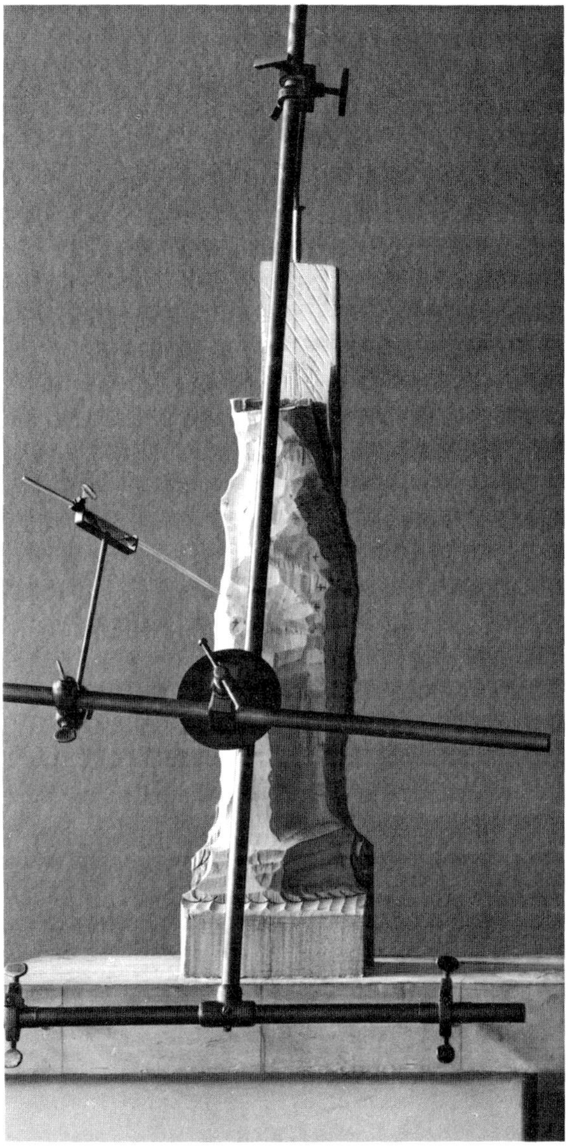 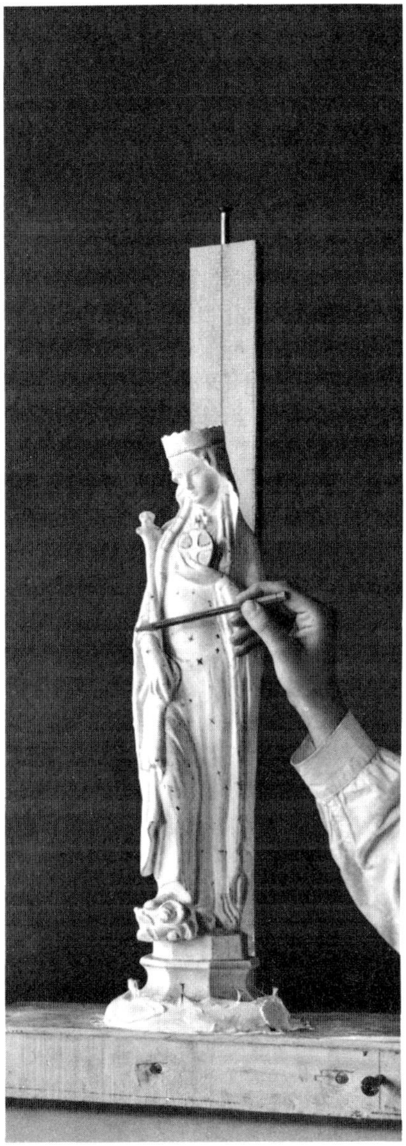

Ist am Gipsmodell ein wichtiger Punkt gewählt – vorteilhafterweise wird immer auf höchst liegende Stellen gezielt – wird die Nadel darauf fixiert und der Punkt bezeichnet. Dann nehmen wir die Maschine weg und setzen sie auf das Gerüst des Bildwerkes, um mit der Nadel den betreffenden Punkt zu übertragen. Er wird mit einem kleinen Kreuz bezeichnet. In diesem Wechsel der Punktiermaschine vom Modell zum Holz wird Punkt für Punkt übertragen, bis die genauen Formen und Proportionen festgehalten sind. Diese Vorarbeit müssen wir äußerst sorgfältig erledigen; denn versetzen wir einen Punkt, gefährden wir das Gelingen des ganzen Werkes.
Unser Bild zeigt, wie die Punktiermaschine an den drei Schrauben des Gerüsts festgehalten ist und die Stichnadel den gewünschten Punkt auf der Schnitzerei markiert.

Johannes (Birnbaum, geölt). Kopierübung nach einem Modell von Donatello (Schülerarbeit).

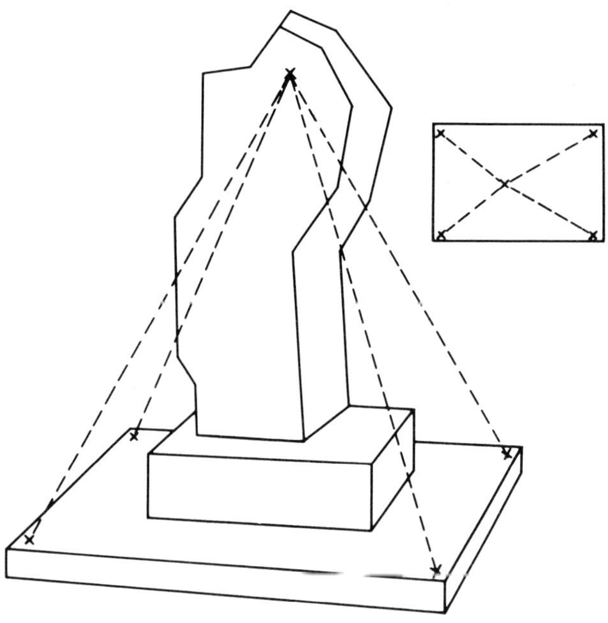

Der Lehrer erklärt, wie die Grund- und Fluchtpunkte gesucht werden, wenn wir mit drei oder vier Zirkeln punktieren. Es ist viel schwieriger und komplizierter, auf diese Weise die Maße zu übertragen. Der Vorteil liegt darin, daß wir den Radius der Zirkel verstellen und somit das geplante Bildwerk gegenüber dem Modell beliebig vergrößern oder verkleinern können. Bei der auf ein bestimmtes Modell eingestellten Punktiermaschine ist das nicht möglich.

◂ Schematische Darstellung der vier Grundpunkte, von denen aus die endgültigen Punkte im Bildwerk bestimmt werden.

Modellieren und Bildhauen

Voraussetzung zum bildhauerischen Gestalten ist nicht nur zeichnerisches Können, sondern es ist ebenso wichtig, daß der Bildhauer in Ton oder Wachs zu modellieren versteht und beides in Gips – das heißt in festes Material – abzugießen weiß. Ton und Wachs können nur in weichem Zustand bearbeitet werden, sie sind auf die Dauer nicht haltbar, und es ist notwendig, für jede Arbeit ein entsprechendes Gerüst in Holz, Eisen oder Draht herzustellen, das der Figur Halt gibt.

Auf dieses Gerüst wird das weiche Material Stück für Stück aufgetragen, bis die Figur in der Hauptmasse modelliert ist. Erst jetzt kann mit der weiteren, feinen Ausarbeitung begonnen werden. *Modellieren* ist viel einfacher, zudem mit viel weniger Risiken verbunden, als Holz oder Stein gleich direkt zu bearbeiten. Während wir an unserem Modell arbeiten, lassen sich in der weichen Masse nach Gutdünken Form- und Bewegungsänderungen anbringen, indem wir mehr Material auftragen oder wegschneiden. Meist wird sich dabei die nach allen Gesichtspunkten beste und wertvollste Form der Figur herausschälen. Auch berühmte Bildhauer beschreiten oft diesen Weg und besitzen von großen Schöpfungen eine ganze Anzahl von *Modellskizzen.* Was aber in Stein oder Holz einmal weggehauen ist, bleibt verloren und kann in vielen Fällen nicht ersetzt werden. Das Werk erleidet formal Schaden und muß, wie es nicht selten in solchen Fällen vorkommt, als verdorben zur Seite gestellt werden.

Um sich vor derartigem Mißgeschick nach Möglichkeit zu schützen, muß der Bildhauer mit aller Vorsicht ans Werk gehen. Es ist ratsam, eine Figur auf der *Vorderseite* so weit auszuhauen, daß keine Materialfehler mehr auftauchen und wir auch bei der letzten Feinarbeit nicht mehr fehlschneiden. Von Anfang an ist es notwendig, auf der Rückseite der Figur so viel Material aufzusparen, daß im Notfall die angehauenen Formen nach hinten gerückt und auf diese Weise fehlerhafte Stellen auf der Vorderseite beseitigt werden können. Erst wenn die Vorderseite in Ordnung ist, dürfen wir mit der *Rückseite* beginnen. Kommt hier etwas Fehlerhaftes zum Vorschein, so ist das ein Mißgeschick, um nicht zu sagen ein Unglück. Kann der Fehler einigermaßen durch Flicken behoben werden, ist die schadhafte Stelle wenigstens nicht auf der Frontalseite der Figur. Hier muß ausdrücklich betont werden, daß ein seriös ausgeführter Flick den Kunstwert einer Figur kaum zu beeinflussen vermag. Dagegen leidet sie Schaden beim Verkauf, da ein großer Teil der Kunstliebhaber in einem geflickten Werk eine bedeutende Wertverminderung erblickt und es nicht erwerben will.

Arbeiten für Kunststein und Bronze bedingen vorgängig ein in Ton oder Wachs geschaffenes Modell. Soll eine Figur oder ein Porträt in *Holz oder Naturstein* entstehen, ist es ebenfalls sehr ratsam, ein gutes Modell anzufertigen. Diese Vorarbeit setzt den Bildhauer in die Lage, die Formen und den Ausdruck des darzustellenden Werkes seriöser und eindringlicher zu studieren, als wenn er sich direkt mit dem gewählten Material befaßt.

Ein *Holzbildhauer*, der über eine solide, gute Schulung verfügt, versteht ohne große Schwierigkeiten, auch den Stein zu bearbeiten, denn dafür muß er sich nur technisch umstellen: er braucht einfach andere Werkzeuge. Das Gestalten an sich ist ihm durch die Form- und Kompositionslehre und den Anschauungsunterricht in Museen und Ausstellungen bekannt, so daß es ihm nicht schwer fällt, sich dem anders gearteten Material anzupassen.

Mehr Schwierigkeiten hat der *Steinbildhauer* zu überwinden, wenn er Holz bearbeiten will. Der Stein kann ohne Behinderung nach allen Seiten behauen werden, während das Holz wegen seiner Struktur und manchmal sehr verworrenen Maserung ungleich schwieriger zu behandeln ist. Dazu kommen Meißelführung und Schnittechnik, die nur nach monatelangem Üben beherrscht werden. Ein Steinbildhauer, der in Holz arbeiten will, muß auch die Holzarten kennen, da nicht alle Hölzer mit der gleichen Schnittechnik angegangen werden können.

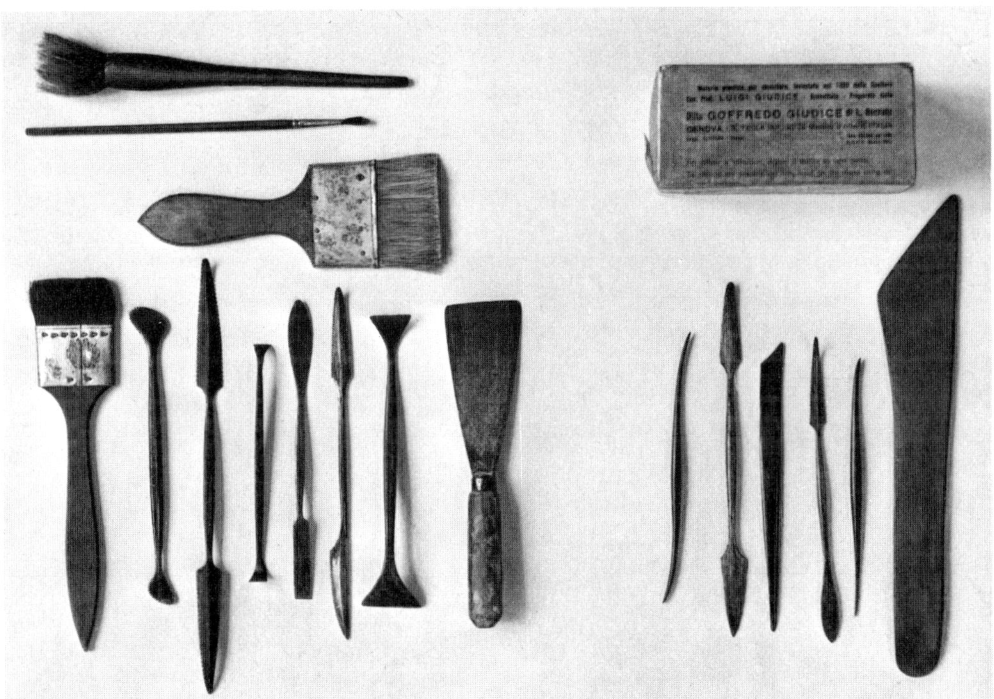

Zum Modellieren brauchen wir eigentlich wenige Werkzeuge. Die Hauptarbeit, das Auftragen, besorgen wir am besten mit Händen und Fingern. Drei bis vier Messer aus Holz, ebensoviele flache und runde Modellierhölzer in verschiedener Größe, ein Drahtring und ein Schaber genügen, um alle technischen Arbeiten zu bewältigen. Unser Bild zeigt uns links einige Modellierwerkzeuge in Holz und Metall, unten ein Paket Plastilin (Material zum Modellieren) und rechts einige Modellier- und Gipsbearbeitungswerkzeuge. Für Gipsarbeiten können wir nur Metallwerkzeuge verwenden, weil Holz dafür zu weich ist. Ein sehr empfehlenswertes Werkzeug ist der metallene Schaber rechts neben der Spachtel, kann man ihn doch für Ton, Wachs und Gips gut gebrauchen.

Mit diesem zarten Schaber aus Eisen bearbeiten wir die Oberfläche plastisch fertig, doch können wir dafür auch das flache Modellierholz oder einfach unsere Finger nehmen (siehe auch Bilder Seite 110). Mit einem kleinen Holzgerüst – wir sehen die Stütze zwischen Sockel und Bauch – stützen wir die Figur; Beine, Hals, Kopf und Hörner werden in diesem Fall mit rostfreiem Eisen oder Draht verstärkt.

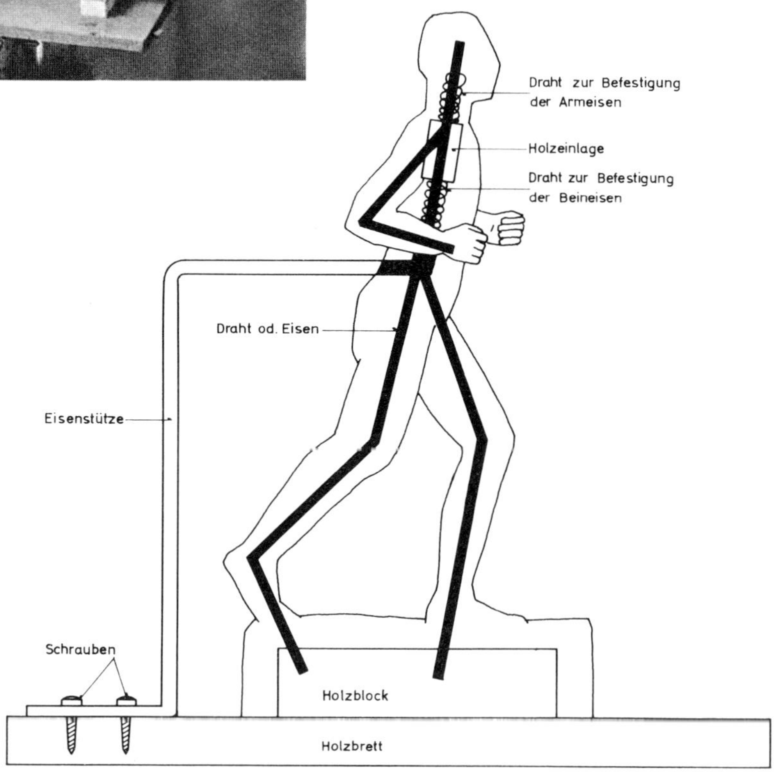

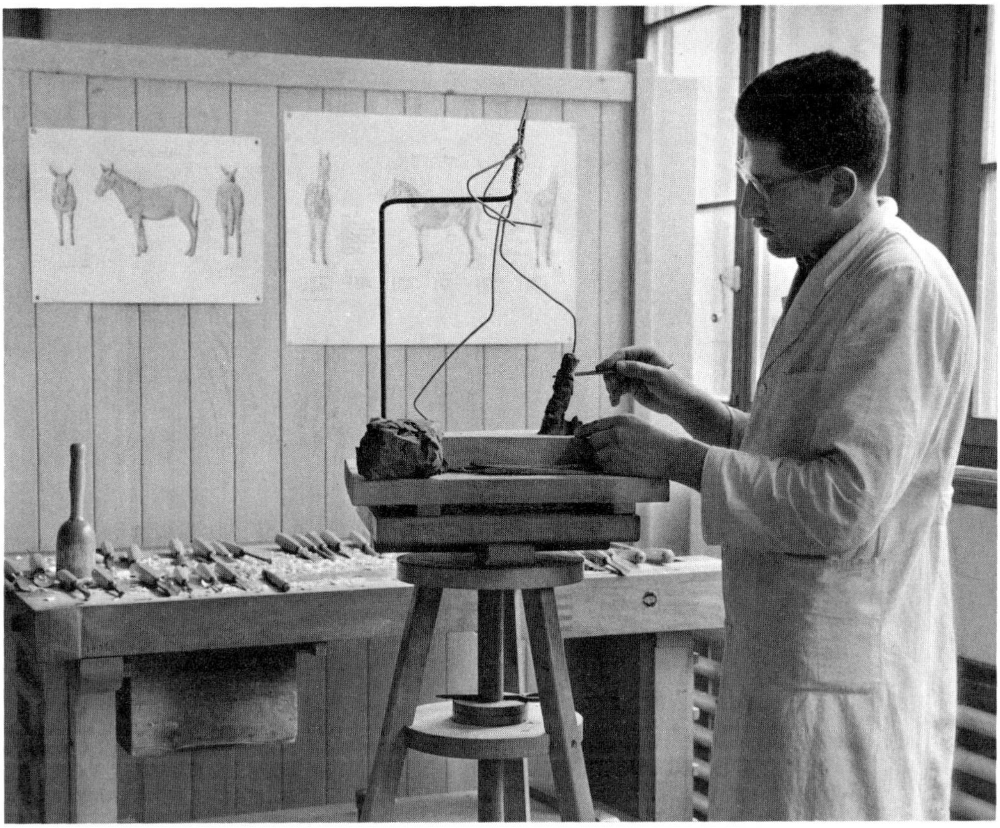

Tragen wir Plastilin auf ein Eisen- oder Drahtgerüst auf, beginnen wir unten mit Sockel und Beinen. Das Plastilin selber hat nämlich eine gewisse bindende Kraft, die der Stabilität des Ganzen zugute kommt (Schülerarbeit).

◂ Jede Figur, ob klein oder groß, verlangt ein Eisen- oder Holzgerüst, das dem weichen Material Halt gibt. Natürlich muß dieses Gerüst der Stellung und Bewegung der Figur entsprechend geformt und konstruiert werden. Bei sehr großen Figuren brauchen wir besonders starke Eisen, verwenden wir doch manchmal einige Zentner Ton!
Die Zeichnung zeigt, wie wir die Eisenstütze auf dem Brett befestigen; sie steigt von dort außerhalb der Figur auf, läuft rechtwinklig in die Rückengegend und von dort wieder aufwärts in die Kopfpartie hinein. Dieses Winkeleisen bildet die Hauptstütze, und daran werden alle andern Verstärkungen befestigt. Wir verwenden nur rostfreie Materialien! Ausgeprägter noch als das Hauptgerüst müssen sich die kleinen Verstärkungen Bewegung und Form unserer Figur selbstverständlich anpassen; namentlich sollten sie nicht aus der Figur hervortreten, sie werden uns sonst beim Formen hindern.

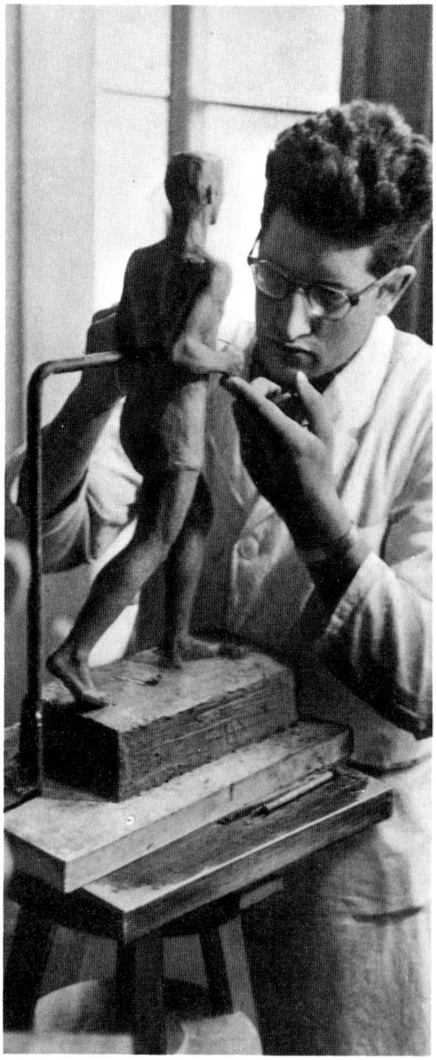

Zeigefinger und Daumen sind unsere wichtigsten Modellierwerkzeuge. Auf unserem Bild formt der Bildhauer mit dem Zeigefinger die Hand seiner Figur. Die Modellierwerkzeuge verwenden wir hauptsächlich, um das Material wegzuschneiden, oder um tiefliegende und enge Stellen zu formen, die wir mit unsern Fingern nicht mehr erreichen können (Schülerarbeit).

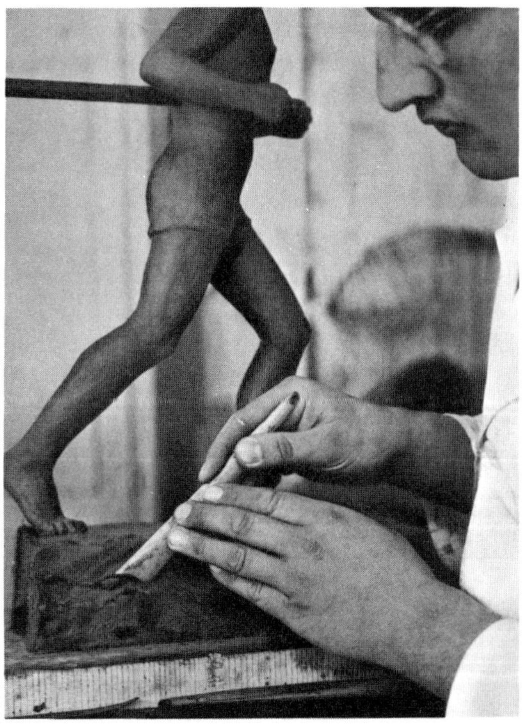

Abschneiden des Plastilins und richtiges Handhaben des Holzmessers (Schulerarbeit).

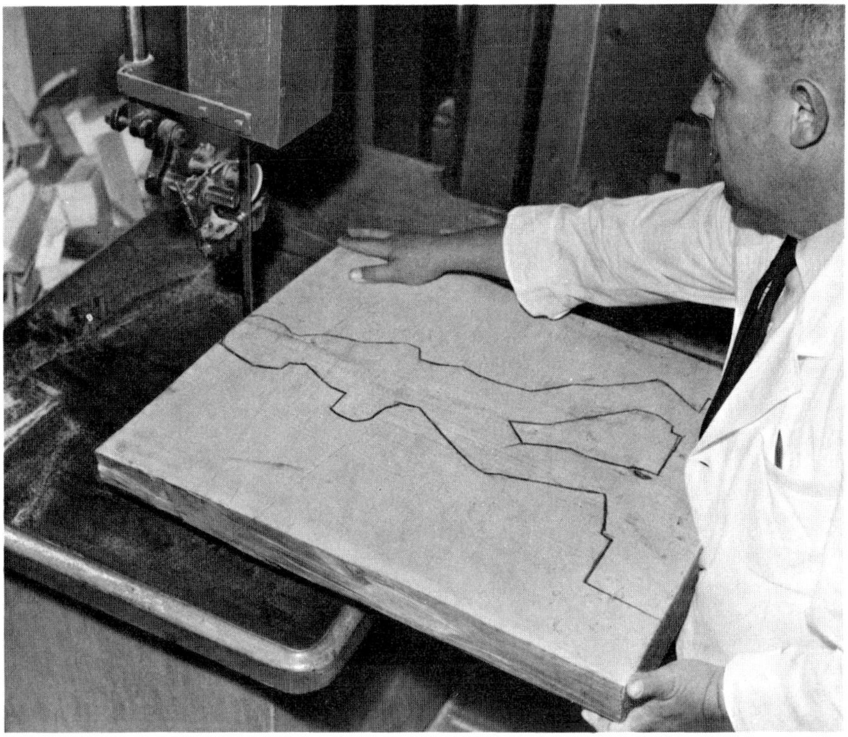

▲ Die auf das Holzbrett aufgezeichnete Figur wird mit der Bandsäge ausgesägt, um sie nachher auf der Schnitzbank mit Meißel und Schlegel weiterzuformen.

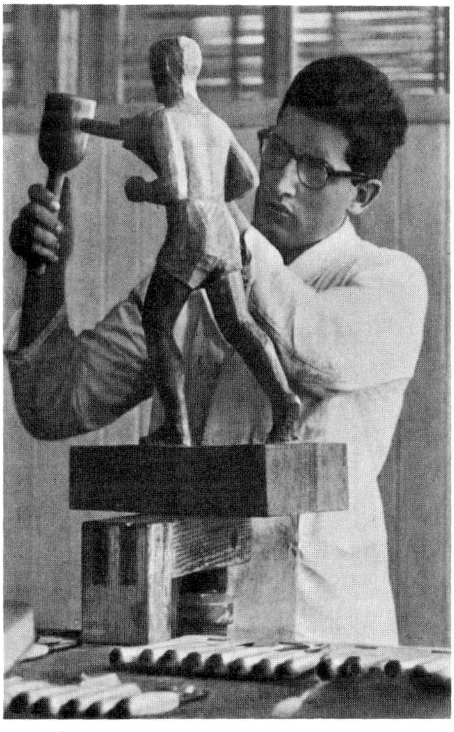

Nach dem Aussägen beginnen wir mit der eigentlichen Bildhauerarbeit: mit Schlegel und Meißel schaffen wir überflüssiges Holz weg, unsere Figur beginnt Form und Gestalt anzunehmen (Schülerarbeit).

Murmeltiere in Stein. Der tüchtige Holzbildhauer wird auch ohne große Umschulung den Stein bearbeiten können.

Gipsgießen

Es ist unbedingt notwendig, daß ein Bildhauer auch das *Gipsgießen* beherrscht. Dies gilt ganz besonders für den, der seine Werkstätte auf dem Lande, weitab von der Stadt, führt. Einen Gipsgießer aus der Stadt kommen zu lassen, ist eine sehr teure Angelegenheit, die sich die wenigsten Bildhauer leisten können.
Wie schon gesagt wurde, ist ein in *Ton oder Wachs* modelliertes Bildwerk weder auf die Dauer haltbar, noch ist es transportfähig. Um es in eine solide, feste Masse umzusetzen, eignet sich der Gipsabguß am besten. Das *Gipsmodell* ist haltbar, für den Transport geeignet und bietet die nötige Festigkeit zur Punktübertragung, wenn es in Holz oder Stein ausgeführt werden soll.
Das *Figuren-Abgießen* ist zwar ein eigener Berufszweig; doch sollte, wie gesagt, jeder Bildhauer in der Lage sein, seine Arbeiten selber zu gießen. Kleine, einfache Formen bieten auch dem Laien keine besondern Schwierigkeiten; bewegtere Figuren jedoch verlangen gute Kenntnisse und reichliche Erfahrung. *Einfache Körper* – ein Würfel, ein Kegel, eine flache Rosette oder ein Flachrelief – lassen sich in der Regel mit einer einzigen Schale gießen. Um aber von dem hier *vorliegenden Modell* einen Abguß in Gips herstellen zu können, benötigen wir einige Negativformen, die wir dann ausgießen. Sie bestehen ebenfalls aus Gips und werden wie folgt angefertigt: In einer Schüssel stellen wir soviel Wasser bereit, wie wir Gipsmasse benötigen (kein zu großes Quantum, da Gips bekanntlich rasch hart und somit für unsere Arbeit unbrauchbar wird). Mit der Hand streuen wir *Modellgips* (Nr. 1) hinein, bis dieser den Wasserspiegel erreicht. Nun rühren wir mit einem Spachtel oder Löffel die Masse langsam um, bis sie einer dicken Mehlsuppe ähnlich sieht. Vorsichtig wird das Modell, welches *mit dünnem Blech in verschiedene Regionen* abgesteckt wird, mit Gips übergossen. Fünf bis zehn Minuten (je nach der Qualität des Gipses) lassen wir ihn ziehen, um die während der Zeit etwas fester gewordene Masse mit der Hand oder mit dem Spachtel über dem Modell gleichmäßig dick zu verstreichen. Sobald die Schale warm wird, kann der Gips als gezogen, das heißt als feste Masse behandelt werden. Nach ungefähr einer halben Stunde können wir die *Gipsschalen* vom Modell abheben. Überreste der Modelliermasse werden entfernt, die Schalen *mit Wasser gut gereinigt*. Bevor wir diese Gipsschalen wieder zusammenfügen und sie mit neuer Gipsmasse füllen, müssen sie *gleichmäßig eingefettet* werden. Dies geschieht am besten mit *verdünntem Sterin*, oder mit in warmem Wasser aufgelöster *Schmierseife*. Dann werden die Schalen sorgfältig zusammengefügt, mit *starker Schnur* zusammengebunden, die *Schalenfugen außen mit Gips oder Wachs* verstrichen, damit der nun flüssig einzugießende Gips sich nicht durch Fugenöffnungen nach außen verlaufen kann. Zum Waschen und Einfetten der Gipsschalen bedient man sich am besten eines sehr weichen Haarpinsels, damit man die modellierten Formen nicht durch Verwaschen abschwächt.
Nun rühren wir erneut eine Gipsmasse an und gießen sie langsam in die Schalenhöhle

ein, bis sie restlos ausgefüllt ist. *Während des Eingießens bewegen oder schütteln wir die Schale leicht*, damit die Masse in alle Fugen dringt und allenfalls sich bildende Luftblasen entweichen können. Nach ungefähr zwei Stunden ist der Gipsguß genügend hart, daß man mit Abklopfen der Schale beginnen darf. Mit einem *stumpfen Meißel* – er darf nicht scharf schneiden – und einem Holzschlegel klopfen wir sorgfältig Stück für Stück der Schale weg, bis die modellierte Form als Gipsguß vor uns steht.

Die folgenden Bilder veranschaulichen, wie eine komplizierte Figur, die in mehrere Schalen zerlegt werden muß, gegossen wird.

Wir streuen den Gips ins Wasser. Links sehen wir eine Schachtel mit zurechtgeschnittenen kleinen Blechstücken. Wie wir sie verwenden, sehen wir im nachfolgenden Bild.

Läufer; Modell aus Plastilin. Würden wir hier den Gipsmantel in einem einzigen Stück über das Modell streichen, könnte dieser selbstverständlich nicht unversehrt wieder abgehoben werden, wie bei einem einfachen Körper. Wir müssen unsere Figur deshalb aufteilen. Im Bild sehen wir die in den Ton eingesteckten Blechblättchen, wie sie die einzelnen Schalen begrenzen: Hinterkopf, Oberarm, Unterarm, Hände, Körper, Beine, Fuß und Sockel. Dank dieser Trennungen lassen sich die einzelnen Schalenstücke nachher unbeschädigt vom Modell wegnehmen. Größere Schalen müssen durch Draht oder Eisen-Einguß verstärkt werden (Schülerarbeit).

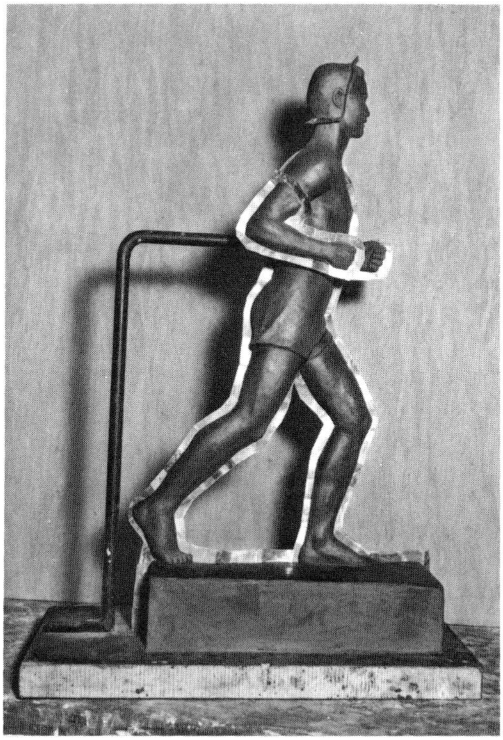

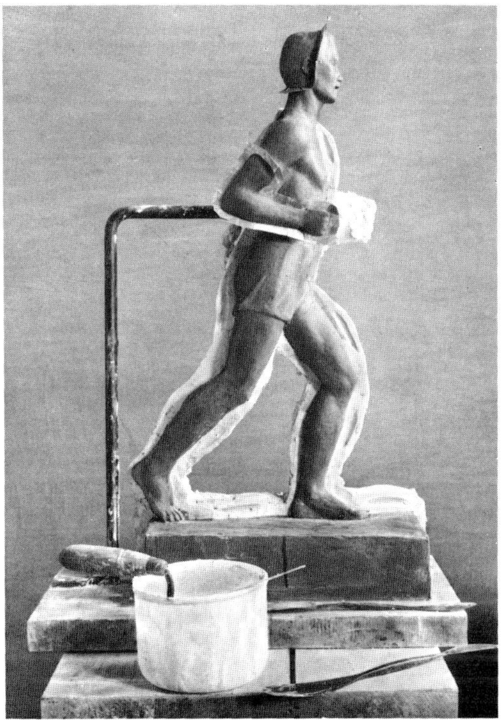

Die linke Körperseite der Figur ist bereits eingegossen, und die betreffenden Blechscheibchen sind schon wieder entfernt worden. Die so freigelegten Grenzflächen der Schalen werden wie oben beschrieben eingefettet, damit sie sich mit der Gegenseite, die jetzt allmählich angefügt werden soll, nicht verbindet (Schülerarbeit).

Hier sehen wir die vom Modell abgenommenen Schalen bereit, gewaschen und eingefettet zu werden: hinten die zwei Hauptschalen, davor von links nach rechts die rechte Armschale, die Hinterkopf und die linke Armschale. Nachdem wir sie eingefettet haben, fügen wir die einzelnen Stücke wieder zusammen und befestigen sie mit Schnüren und Gips, damit die Schale nicht auseinanderfällt. Der Hohlraum entspricht nun genau unserem Modell. Wenn wir das Ganze nochmals auf seine Festigkeit geprüft haben, stellen wir den Gipsmantel auf den Kopf. Vor uns haben wir somit den hohlen Sockel, und wir können damit beginnen, die Form mit Gips zu füllen. Wir gießen nur langsam und äußerst vorsichtig ein, damit alle Luft – auch aus den tiefsten und engsten Stellen – entweichen kann. Die Gipsfigur muß fest und stabil werden, wir legen deshalb in die Höhlen von Hals, Armen und Beinen rostfreien Draht oder Eisen. Diese Verstärkungen sind von außen nachher nicht sichtbar, wenn sie leicht bewegt werden, während wir den Gips eingießen; sie werden dadurch von der Masse eingehüllt (Schülerarbeit).

Ungefähr zwei Stunden muß unsere eingegossene Figur trocknen; dann können wir die Gipsschale wie oben beschrieben wegklopfen. Auf unserem Bild sind der Kopf, der rechte Arm, die rechte Körperseite und ein Stück Bein schon vom Gipsmantel befreit. Ist der Guß gut gelungen, brauchen wir nur noch feine «Nähte» wegzuschaben oder mit frischem Gips auszubessern; dies sind die Stellen, wo die einzelnen Schalenstücke zusammenstoßen. Allfällige Schäden, die auf fehlerhaftes Eingießen zurückzuführen oder beim Abklopfen entstanden sind, beheben wir in gleicher Weise (Schülerarbeit).

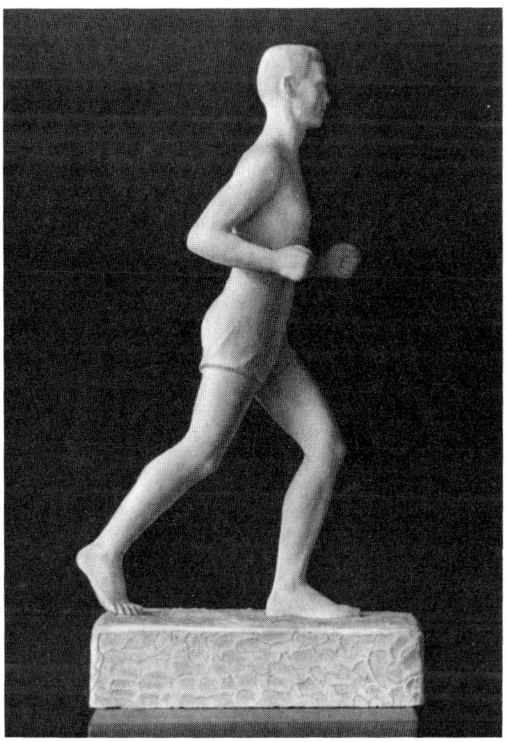

Läufer; das fertige Gipsmodell, der Abguß unserer ursprünglichen Figur in Plastilin. Nach diesem Gipsabguß wird dann das Modell in Holz ausgeführt (Schülerarbeit).

Das Patinieren von Gipsmodellen

Wollen wir dem Gipsmodell ein anderes Aussehen verleihen, können wir es patinieren, das heißt ihm einen Farbton geben, mit anderen Worten: ein anderes Material vortäuschen. Das Patinieren ist kein Farbanstrich, sondern das Modell wird eigentlich mehr mit verschiedenen Farben abgetupft. Von den vielen Möglichkeiten will ich hier nur drei der wichtigsten kurz beschreiben.

Alle drei Arten bedingen, daß wir das Gipsmodell zunächst mit einem *Grund-Anstrich* decken. Damit verhüten wir, daß sich die Farben der Patina unregelmäßig in den Gips einsaugen. Das Modell wird mit dünnem, flüssigen *Schellack* ein- bis zweimal angestrichen, bis der Gips keine Feuchtigkeit mehr einzieht. Der Schellack darf aber nicht zu dick aufgetragen werden, sonst laufen wir Gefahr, daß er nach kurzer Zeit als Schicht, zusammen mit der Patina, vom Gipsmodell abblättert.

Mit Schellack verwenden wir am besten *Pulverfarben*, im Gegensatz zum Öl, das wir vorteilhafter mit *Tubenfarben* mischen. Schellack verdünnen wir mit gewöhnlichem *Brennspiritus*, einen Ölauftrag mit *Terpentinöl.*

Patinieren mit Schellack. Auf dem Grundanstrich können wir nun mit Schellack patinieren. Wir schütten verschieden getönte Farbpulver (Erdfarben) getrennt an Häufchen auf ein sauber gehobeltes Brett oder auf eine Glasscheibe. Mit einem feinen, in dünnen Schellack getränkten Pinsel nehmen wir die Farbpulver auf und tupfen die Figur vorsichtig und mit Feingefühl ab, bis das gewünschte Material imitiert ist. Da wir die Farbe also nicht anrühren, sondern jedesmal unseren Pinsel wieder erneut ins Farbpulver stecken, erhalten wir eine mehr oder weniger zufällige Farbmischung, was der Patina eine gewisse lebendige und überzeugende Wirkung verleiht.

Patinieren mit verdünntem Leinöl. Wesentlich leichter als mit Schellack ist es, mit Leinöl zu patinieren. Das setzt aber einen *farbigen Grundton* voraus. Er darf nicht dunkel sein, da er auf den höherliegenden Formflächen hervortreten muß. Am besten mischen wir dem zweiten Schellackanstrich ein wenig roten und gelben Ocker bei und erhalten damit einen gelbrötlichen, goldenen Grundton. Darauf verwenden wir zum Beispiel gebrannte Siena und gebrannte Umbra. Mit dieser dunkelbraunen Ölfarbe streichen wir die ganze Figur an, um die erhöhten Formen dann mit einem weichen Lappen oder einem Wildleder abzutupfen, so daß die Vertiefungen dunkler getönt bleiben. Die so entstandene dunkle bis hellrötliche Patina täuscht eine Bronze vor. – Verwenden wir dagegen Grün – zum Beispiel Viktoriagrün – verleihen wir unserem Bildwerk den Anschein von oxydiertem Material (Bronze).

Goldbronze und Blattgold. Mischen wir dem Grundton Goldbronze bei, oder überziehen wir die Figur mit Blattgold und patinieren mit einem dunkelbraunen Ölauftrag (siehe Patinieren mit Leinöl), so erzielen wir eine mit Bronze täuschende Ähnlichkeit.

Patinieren verlangt viel *Übung, Geduld und Erfahrung*, wenn restlos befriedigende Resultate erreicht werden sollen. Wir können damit aber sehr verschiedenartige Materialien: Bronze, Stein, Terrokotta usw. imitieren.

Erpel; Gips unpatiniert. Das Material ist deutlich erkennbar.

Zebrafohlen und rückblickendes Reh; beide Gipsmodelle stehen bereit, um patiniert zu werden. Auf dem Tisch befinden sich verschiedene Erd-, in Tuben Ölfarben, Wassergläser, Pinsel, in den Flaschen Schellack, Spiritus, Lein- und Terpentinöl und Benzin. Auf dem sauber gehobelten Brettchen liegen schon vorbereitete Farbhäufchen.

◀ Habicht; Gips patiniert. Die Formen kommen lebendiger zur Geltung.

Alt oder neu in der Holzschnitzerei?

Nun einige Worte zum ewigen Zankapfel: «alt oder neu», das heißt einfache, glatte oder behaarte Schnitzerei? Unter «behaart» hat man die früher allgemein üblichen naturalistisch geschnitzten Figuren (insbesondere Tierfiguren) zu verstehen: zum Beispiel die behaarten Felle der Bären. Es ist völlig unrichtig und ungerecht, wenn die Qualität einer Arbeit von der behaarten oder von der einfachen, glatten, allenfalls geschliffenen Form abhängig gemacht werden will. Das hat auf den Wert eines Bildwerkes wenig Einfluß. Wichtig ist nur, daß es ausdrucksvoll, überzeugend und gut geformt ist. Das Behaaren ist eine dekorative Detailarbeit, die äußerst sparsam angebracht werden sollte. Auf jeden Fall muß ihr eine gut durchgedachte Form zugrunde liegen, die durch die Behaarung auf keinen Fall beeinträchtigt werden darf. Die behaarten Schnitzereien sind in zweifelhaften Ruf gekommen, weil es ihnen sehr oft an der guten Grundform vollkommen fehlt, was überwertetes Dekorieren nicht wettzumachen vermag. Ein gut durchgeformtes, künstlerisch aufgefaßtes Bildwerk wirkt in seiner einfachen Form schon so klar und überzeugend, daß es überflüssig wird, es noch zu behaaren.
Ist ein Bildwerk in der Grundform mißverstanden und schlecht, so spielt es keine Rolle, ob «alt oder neu», ob behaart oder glatt, es bleibt einfach schlecht. Ich kenne alte, behaarte Schnitzereien, die außerordentlich lebendig und überzeugend wirken, die ein technisches Können verraten, auf das mancher moderne Künstler, der solche Arbeiten unbeachtet läßt oder sogar mitleidig belächelt, neidisch sein dürfte. Ein gutes, reichbehaartes Bildwerk hat den Nachteil, daß es im Preis sehr hoch zu stehen kommt und deshalb nicht leicht verkäuflich ist. Dies ist ganz besonders bei den Souvenirs der Fall. Mancher fremde Gast, der leider das Geschmackvolle oft nicht vom Schlechten zu unterscheiden vermag, kauft die billigen und nicht die sorgfältig durchgearbeiteten teuren Stücke!

Laufender Bär; alte behaarte Art. An Hals, Körper und Beinen wirkt hauptsächlich die reiche Behaarung, weniger die Formen. Der Kopf ist ausgeprägter geformt, aber weniger dekoriert und deshalb wirkungsvoller.

Deutscher Schäferhund. Er stellt den Übergang von alter Formauffassung zur neueren, einfachen Art dar.

Laufender Bär; einfache und glatte Formen. Die Behaarung ist als diskrete dekorative Beigabe aufgefaßt. Die Formen kommen ausdrucksvoll zur Geltung und werden von der schönen Maserung des Nußbaumholzes noch unterstrichen.

Bären; als kleines Souvenir und Gebrauchsgegenstand. Anwendungs- und Gestaltungsauffassung vergangener Zeiten. Solche Souvenirs werden aber heute noch von den fremden Gästen viel gekauft.

Dose und Fisch; kleines Souvenir und Gebrauchsgegenstand. Einfache Formen. Die Holzmaserung ist bei der Dose wie bei den Fischen glücklich gewählt.

Adler; alte Art des Schnitzens. Ein Zeuge großen technischen Könnens.

Adler; Stammtischfigur. Neuzeitliche Form, wenig dekoriert. (Entwurf und Ausführung: Schülerarbeit.)

Gegenständliche und abstrakte Kunst

In Fachkreisen wie in der breiten Öffentlichkeit werden die verschiedenen Richtungen in der bildenden Kunst sehr viel diskutiert und kritisiert. Das ist erfreulich, beweist es doch, daß das Interesse der Menschheit nicht nur den ungeheuren Errungenschaften der Technik gilt, sondern daß für Kultur und Kunst auch noch etwas, ja wir dürfen sagen, recht viel, übrig bleibt. Wie sehr sich die Künstler selber mit dem Thema auseinandersetzen, braucht wohl kaum besonders betont zu werden. Es ist nicht meine Sache, dieses Problem hier erschöpfend zu behandeln; ich nehme zu dieser brennenden Frage nur Stellung, soweit sie die oberländische Holzschnitzerei berührt.

Vorweg möchte ich feststellen, daß ein Bildwerk, sei es nun abstrakt, gegenständlich oder sogar sehr realistisch und naturalistisch gestaltet, folgendes auf sich vereinen muß, um als vollwertig anerkannt zu werden: *die gute Form, ausgewogene Proportionen und Harmonie in der Linienführung der Gesamtkomposition.*

In der oberländischen Holzschnitzerei, die als Gewerbe ausschließlich auf Geldverdienen eingestellt ist, kann die abstrakte Kunst nur von einzelnen Bildhauern als «Hobby» gepflegt werden, da es heute noch sozusagen aussichtslos wäre, solche Arbeiten verkaufen zu können. Immerhin ist es dem begabten Holzschnitzler und Bildhauer sehr zu empfehlen, sich auch mit solchen Problemen zu befassen; denn derartige Versuche können sein Gestaltungsempfinden nur fördern. Es nützt seiner beruflichen Entwicklung, sich neben seiner täglichen Arbeit mit neuen Formen auseinanderzusetzen. In der Figurenklasse der Schnitzlerschule Brienz wird im kunstgeschichtlichen Unterricht die abstrakte Kunst gebührend behandelt.

Ernst Barlach, Der Einsame ▸

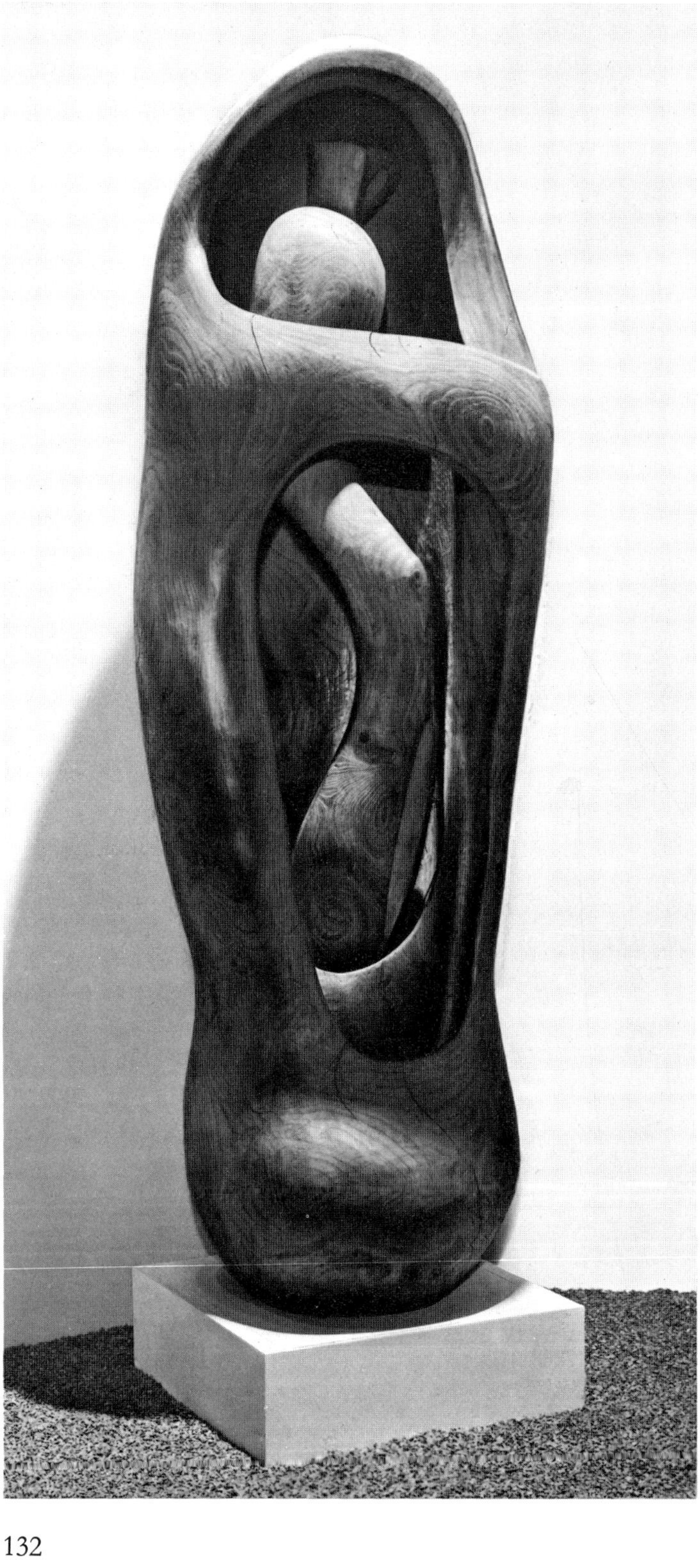

Henry Moore,
Innere und äußere Form

Constantin Brancusi,
Der verlorne Sohn

Arbeitsmöglichkeiten

Wie stehen nun die Existenzaussichten für einen Holzschnitzler? Diese Frage wird öfters von fremden Gästen an Lehrer und Schüler gestellt. Nicht zu Unrecht; denn wenn ein Jüngling eine drei- bis vierjährige Lehrzeit absolviert und sich später in Kursen auf der hiesigen Schnitzler- oder auswärts auf Kunstschulen weiterbildet, so sollte er ein Anrecht auf ein angemessenes Auskommen haben. Nun ist es hier, wie in allen freien Berufen: hat er nicht das Glück, nach erfolgreich abgeschlossener Lehre bei einem tüchtigen Meister eintreten zu können, wird er sicher mit allerlei Schwierigkeiten zu rechnen haben. Immerhin bestehen auch für diese auf ihre eigenen Füße gestellten Leute Möglichkeiten, sich eine gute Existenz aufzubauen, um so mehr, als heute an *tüchtigen, ideenreichen Schnitzlern Mangel herrscht.* Ausschlaggebend ist jedoch, daß einer über umfangreiches Wissen und Können verfügt, daß er in der Lage ist, mit gediegenen neuzeitlichen Mustern auf den Markt zu gelangen. Wenn er als Anfänger bescheiden vorspricht, die Kundschaft nicht zum vorneherein mit übersetzten Preisen abstößt, wird er seine Arbeiten in den vielen Holzschnitzereigeschäften der Fremdenorte und in Kaufhäusern der Städte leicht absetzen können. Ist er strebsam und sucht sich beruflich ständig weiterzubilden, kann er sich mit den Jahren einen Namen schaffen. Seine Arbeiten werden dann nicht mehr nur von Handelsleuten gekauft, sondern auch von einer breiten Privatkundschaft immer wieder verlangt, und er wird in Krisenzeiten die Arbeitslosigkeit nicht zu fürchten brauchen. Einem tüchtigen Holzbildhauer steht außerdem die Welt offen. Er ist nicht auf die Holzschnitzereigeschäfte in den Fremdenorten angewiesen, sondern findet lohnende Arbeit überall im In- und Ausland. Wir treffen Jünglinge, Schüler der Schnitzlerschule Brienz, in ausgezeichneten Stellungen in Deutschland, Frankreich, den Vereinigten Staaten, Kanada und sogar in Honolulu. Einzig die *spezialisierten Schnitzler* sind ortsgebunden, da sie meist auf Massenanfertigung von Arbeiten (Souvenirs) eingestellt und deshalb auf die Holzwarengeschäfte angewiesen sind. Aber auch auf diese Weise kann sich ein Berufsmann durchsetzen. Nur lauert hier beständig die Gefahr der politischen und wirtschaftlichen Krisen und damit die gefürchtete *Arbeitslosigkeit*, welche die Oberländer Holzschnitzerei schon verschiedentlich schwer betroffen und Kummer, Not und Sorgen in viele Schnitzlerfamilien gebracht hat.

Um dem Gespenst der Arbeitslosigkeit möglichst auszuweichen, ist es Pflicht einer Schule, den Unterrichtsplan entsprechend zu gestalten; ihre Zöglinge sollen gewappnet sein sich umstellen, *sich veränderten Verhältnissen anpassen und so ihre Existenz bewahren zu können.* Diese Bildungsgrundlage hat sich in den Krisenjahren von 1932 bis 1937 gut bewährt, und die Kriegsjahre von 1939 bis 1945 haben ein weiteres Mal bestätigt, daß diese Auffassung richtig ist. Die Produktion wurde umgestellt, und allerlei Gebrauchsgegenstände, Sportpreise u. a. m. für den Inlandmarkt geschnitzt. Dadurch blieb die Oberländer Holzschnitzerei vor Arbeitslosigkeit und Not bewahrt. Es hat sich sogar

deutlich gezeigt, daß der Inlandbedarf weitgehend genügte, um unser Holzschnitzerei-Gewerbe voll zu beschäftigen.
Den maßgebenden Persönlichkeiten in Brienz sind die Schreckensjahre des ersten Weltkrieges noch in guter Erinnerung; denn da wurden die meisten Schnitzler mit einem Schlag arbeitslos. Sie sahen sich gezwungen, für viele Jahre das Schnitzeisen auf die Seite zu legen, die Werkstatt zu verlassen und irgendwo eine ungewohnte und vielfach unbefriedigende Arbeit mit geringer Entlöhnung zu verrichten. Diese Kriegsjahre und die darauffolgenden Krisenzeiten haben die Arbeitskräfte im Schnitzlergewerbe katastrophal reduziert.
Die Krisenjahre von 1932 bis 1937 konnten durch verschiedene Arbeitsbeschaffungen verhältnismäßig gut überstanden werden. Außer den damals in Holz ausgeführten Abzeichen wurde ein von Bund, Staat und Gemeinden finanziertes Warenlager angelegt, das später nach und nach aufgebraucht wurde. Solche Notlösungen können und müssen durch fachgemäße, vielseitige Schulung vermieden werden.

Türe im Amthaus von Moutier

Berner Münster: Architekturmodell

Durchbrochene Wanddekoration

Rahmen, Standuhr, Truhe und Dose

Dekoration an einem Weinfaß

Stabelle mit Wappendekoration

Weihnachtskrippe

Holzer ▸

Harfe und Wappen:
Stammtischfigur

Hase, Fuchs und Eule:
Souvenirs, weitere
Beispiele dafür
befinden sich auch in
früheren Kapiteln. ▾

Skifahrer: Sportpreis

Uhu: Wegweiser ▸

Wandteller

BOWALD

Holzgrabmal

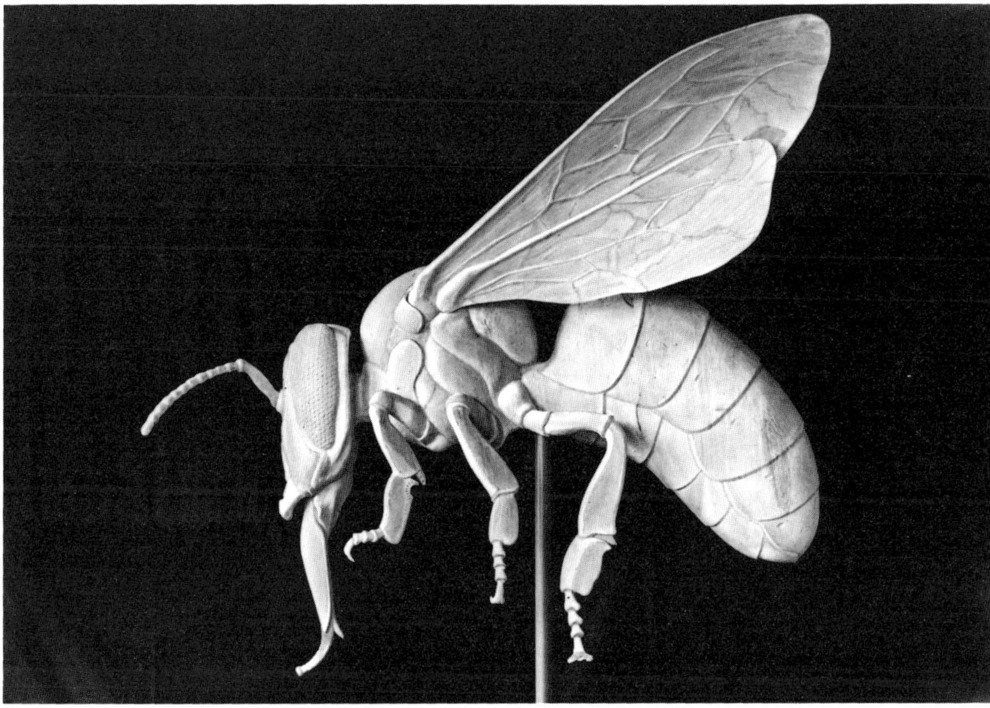

Biene: Anatomisches Unterrichtsmodell, Außenansicht 1,05 m.

Biene: Anatomisches Unterrichtsmodell, Innenansicht.

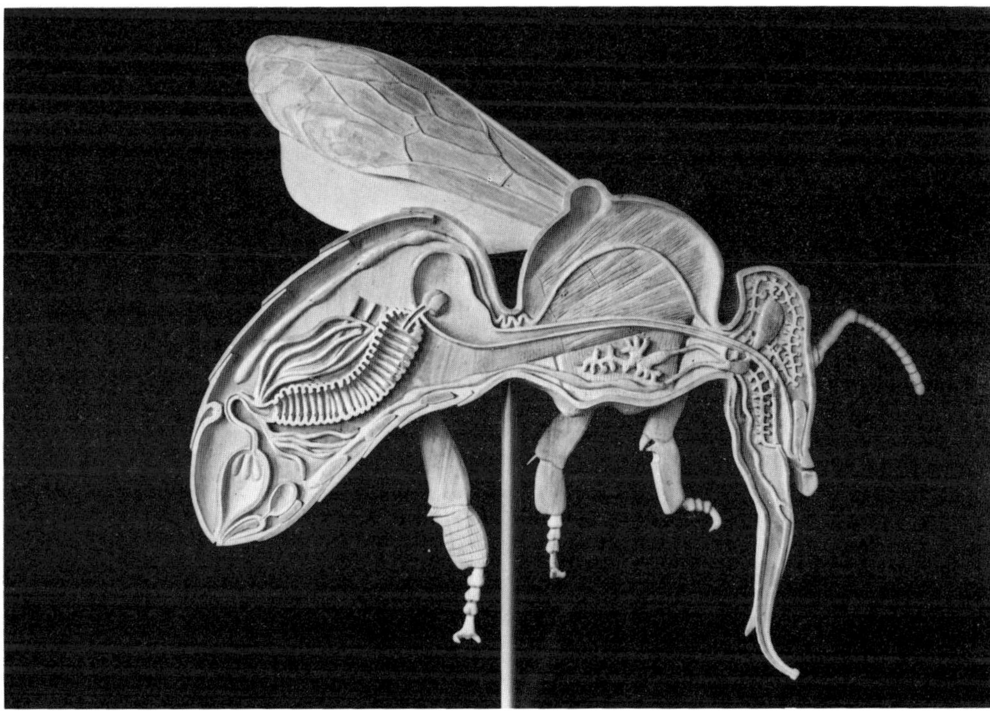

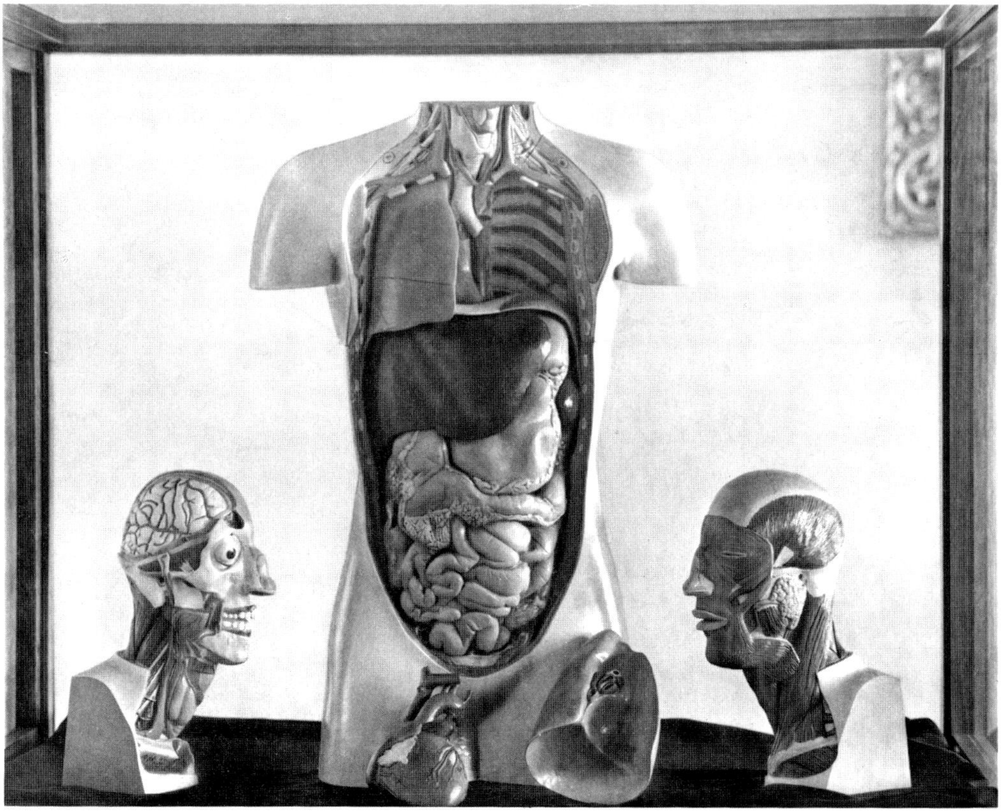

Phantom: Anatomisches Unterrichtsmodell, zerlegbar

Einige Ratschläge für Holzschnitzler und Holzbildhauer

Liebt euren Beruf! Denn er ist schön, und wer ihn liebt, lebt ein reiches Leben, auch wenn er vielleicht wirtschaftlich keine großen Erfolge ernten kann.
Haltet Ordnung bei euch selbst und in eurer Werkstatt! Denn aus Unordnung heraus kann kaum etwas Gutes gedeihen. Seid im Devisieren von Arbeiten stets sehr vorsichtig, damit weder ihr noch euer Arbeitgeber zu Schaden kommt!
Geht nur genügend vorbereitet an eine größere Arbeit!
Bemüht euch stets, den Liefertermin einzuhalten, und führt alle euch anvertrauten Arbeiten sauber und exakt zu Ende! Das sind zwei Dinge, die euch das Zutrauen aller, die mit euch zu tun haben, erobert.
Hütet euch vor dem Spezialisieren! Denn ein Berufsmann muß heute allen beruflichen Anforderungen gewachsen sein. Er läuft sonst leicht Gefahr, in Krisenzeiten arbeitslos zu werden. Die Schablonenarbeit führt im übrigen zu einer geistlosen Verflachung.
Seid stets ehrlich im Suchen nach neuen Ideen, und verarbeitet nur das, was ihr euer geistiges Eigentum nennen könnt! Alles andere ist gemeiner Diebstahl.
Versucht, die Natur zu verstehen! Sie bietet unerschöpfliche Anregungen und bedeutet für den Bildhauer stets eine sichere Grundlage für sein Formen.
Die Aufgabe des Bildners besteht jedoch nicht darin, die Natur zu kopieren, sondern von ihr zu lernen, um frei und sicher gestalten zu können.
Nehmt ferner als zuverlässige Vorbilder: die einfache kubische Größe der alten ägyptischen Kunst, die vollendet schönen Bildwerke der frühen griechischen Kunst und der Renaissance! Bewundert die zuverlässige Naturbeobachtung und die anatomischen Kenntnisse dieser Künstler! Versucht, das Ursprüngliche der romanischen Bildwerke zu verstehen! Bleibt aber eurem natürlichen Empfinden treu, und laßt euch nie von fremden Kunstbegriffen beeinflussen! Dann seid ihr für euren Beruf gut beraten.

Die Entwicklung der Berner Oberländer Holzschnitzerei in Bildern

Da über die Entwicklung der Oberländer Holzschnitzerei bereits verschiedene Schriften veröffentlicht wurden, erübrigt es sich, hier ausführlich auf dieses Thema einzutreten. Es liegt mir bloß daran, einige für die oberländische Holzschnitzerei charakteristische Eigenarten festzuhalten, wie sie dann in den nachfolgenden Bildern dokumentiert sind.
Schon viele Jahrhunderte bevor der begabte Drechsler *Christian Fischer* in Brienz, der Begründer der oberländischen Holzschnitzerei, in den zwanziger Jahren des letzten Jahrhunderts seine Eierbecher und Fruchtschalen verzierte, wurde in den Berggegenden an Geräten und Werkzeugen geschnitzt. Schachteln, Teller, Balken, ja ganze Hausfronten wurden mit sinnvollen Sprüchen und eingekerbten Schnitzereien geschmückt. Dies alles entstand aus Freude und Liebe am Schönen und Edeln. Es handelte sich um die weiter vorn schon erwähnte Bauern- und Volkskunst.
Mit der Entwicklung von Christian Fischers Werkstätte wurde etwas ganz anderes in die Gegend eingeführt, nämlich ein Gewerbe, *ein Kunstgewerbe*, das der Bevölkerung Brot und Verdienst bringen sollte. Dies ist denn auch, durch den zunehmenden Fremdenverkehr begünstigt, in hohem Maße geglückt.
Das neue Gewerbe entwickelte sich rasch zu einer *volkswirtschaftlich bedeutenden Einnahmequelle*. Da die meisten Schnitzler mit ihren Arbeiten in erster Linie verdienen wollten, war nicht immer alles gut und erfreulich, was geschaffen wurde. Der von Natur aus begabte Schnitzler schuf bemerkenswerte Arbeiten, zeitweilig sogar wahre Meisterstücke. Leider überwiegten aber die geschmacklich nicht einwandfreien Artikel, und gerade sie wurden in großen Mengen von den fremden Gästen gekauft und als Erzeugnisse schweizerischer Eigenart in alle Länder der Welt hinausgetragen.
Weitsichtige Männer in Brienz und Umgebung und vor allem auch die bernische Regierung erkannten die unerfreuliche Sachlage und suchten Mittel und Wege, um das erfolgversprechende Gewerbe künstlerisch zu heben und zu fördern. Es wurden Schulen eingerichtet und auswärtige Bildhauer als Lehrer zugezogen. Im Laufe der Zeit entstanden eine Zeichen- und Modellierschule in Interlaken (1839), später eine Zeichenschule in Gadmen und unter zwei Malen eine Schnitzlerschule in Meiringen. Leider meldeten sich zu wenig Schüler, so daß sie nach kurzer Zeit wieder geschlossen werden mußte. Einzig die im Jahre 1862 in Brienz ins Leben gerufene Zeichenschule konnte sich halten. Da sie sich bald gewerbefördernd und in allen Teilen als nützlich erwies, wurde sie im Jahre 1884 zur heutigen *Schnitzlerschule* erweitert.
Dank der umsichtigen, den damaligen Verhältnissen angepaßten Leitung, die von einem Stab tüchtiger Lehrer unterstützt wurde, vermochte die Schule allen geheimen und offenen Anfechtungen (von gewissen Interessentengruppen) zu trotzen und sich erfolgreich zu behaupten. Schülermangel und finanzielle Schwierigkeiten nagten zeitweilig schwer an ihrer Existenz.

Im Jahre 1928 wurde sie verstaatlicht und dadurch wenigstens der finanziellen Schwierigkeiten enthoben. Ihr langjähriges und stetes Bemühen um das betreute Handwerk ergab, daß sie sich zu einer Zentralstelle für das gesamte Schnitzlergewerbe entwickelte. Der Lehrplan wurde den modernen Verhältnissen angepaßt und erweitert. Den Schülern konnte somit ein zeitgemäßer, umfassender Unterricht geboten werden.
Es paßte nicht in den Rahmen dieser Schrift, wenn ich hier alle *Förderer*, die es verdienten, namentlich hervorheben würde. Ebensowenig ist es möglich, das Vielgestaltige der Holzschnitzerei in der kleinen Auswahl der folgenden Bilder festzuhalten.
Von der Schnitzlerschule Brienz erwähne ich nur die ehemaligen verdienten Lehrer: alt Vorsteher Hans Kienholz, Jakob Abplanalp, Jean Brandenberger, Albert Huggler, Albert Bühlmann, Ernesto Roggero und Fritz Kienholz sowie die heute wirkenden Lehrer Albert Michel, Peter Flück und Andreas Baumann.
Aus dem Gewerbe: Christian Fischer, der die oberländische Holzschnitzerei begründete; Franz Abart, der während seines Aufenthaltes in Brienz mit seinen einfachen Formen das Gewerbe günstig beeinflußte; Johann Huggler (als Schnitzlerkönig bekannt), stellte vortrefflich bewegte Figuren und Figurengruppen dar; Kaspar Stähli (Schläppeler genannt) war ein Meister der feinen Technik, besonders zu erwähnen sind seine naturalistisch aufgefaßten Vogelgruppen; Jakob Abplanalp und Andreas Baumann schufen mit erstaunlichem Geschick sehr feine Blumenmotive; Jakob Fuchs war ein Schöpfer dramatischer und geschichtlicher Figuren (des Sängers Fluch, Wilhelm Tell u. a.); Peter Buri und Fritz Buri galten als hervorragende Tierfiguristen; von Peter Huggler kennen wir neben andern Motiven vorweg seine Gruppe mit Kühen; der Bildhauer Hans Huggler-Wyß wurde mit seinem Schaffen richtunggebend für die neuere Technik und gründete die bekannte Holzbildhauerwerkstätte Hans Huggler-Wyß AG, die noch heute eine führende Stellung im Schnitzlergewerbe einnimmt; Emil Thomann hat mit tüchtigen Arbeitskräften eine bedeutende Werkstätte für religiöse Bildhauerei aufgebaut, die viel Arbeit und somit Verdienst nach Brienz bringt und deren Schnitzereien in der Schweiz, darüber hinaus aber hauptsächlich in den Vereinigten Staaten von Nordamerika Absatz findet. Ferner sind die tüchtigen Figuristen Melchior Kehrli und der in Holz und Stein arbeitende Hermann Huggler zu nennen.

Winzer: (mittlere Figur) französische Arbeit, erscheint neben den beiden seitwärtsstehenden kompliziert und mit Nebensächlichkeiten geschmückt. Solche Arbeiten, wie sie als Modelle aus Paris eingeführt wurden, hatten einen ungünstigen Einfluß auf das Schnitzlergewerbe. Sie haben bleibende, unangenehme Spuren hinterlassen. Die Tell-Figur (links) von Christian Fischer, dem Begründer der Oberländer Holzschnitzerei, zeigt dagegen die einfache, noch etwas unbeholfene Form, währenddem diejenige rechts statuarisch sicher gestaltet ist.

Landsknecht: Ein Frühwerk der Oberländer Holzschnitzerei, das schon die einfache Form- ▸
gestaltung aufweist.

Eierbecher und Fruchtschale: Dies sind Entgleisungen schlimmster Art. Sie sind nicht nur formlos, unschön und materialwidrig, sondern auch als Gebrauchsgegenstände ungeeignet.

Uhrengehäuse mit Gemsen: Alte naturalistische Art Schnitzerei. ▸

◂ Vogel mit Nest ▴ Eber ▾ Melchtalgruppe

Rose mit Schmetterling. Weder Rose noch Schmetterling sind aufgesetzt, sondern mit der Grundplatte aus einem Stück herausgearbeitet.

Wanddekoration

◂ Renaissance-
füllung

Des Sängers
Fluch

Mädchen
mit Hirsch

Madonna

Erpel ▸

Plastische
Blume

EIS-HOCKEY-TURNIER
BEATENBERG
WANDERPREIS d. KURVEREINS
1938

Adler

Porträt eines jungen Mannes

 Bergbauer (Studienkopf)